Thomas A. Sünner

Photonische Kristallresonatoren hoher Güte

VIEWEG+TEUBNER RESEARCH

Thomas A. Sünner

Photonische Kristallresonatoren hoher Güte

Design, Herstellung, Anwendungen

VIEWEG+TEUBNER RESEARCH

Bibliografische Information der Deutschen Nationalbibliothek
Die Deutsche Nationalbibliothek verzeichnet diese Publikation in der
Deutschen Nationalbibliografie; detaillierte bibliografische Daten sind im Internet über
<http://dnb.d-nb.de> abrufbar.

Dissertation Universität Würzburg, 2010

1. Auflage 2011

Alle Rechte vorbehalten
© Vieweg+Teubner Verlag | Springer Fachmedien Wiesbaden GmbH 2011

Lektorat: Ute Wrasmann | Britta Göhrisch-Radmacher

Vieweg+Teubner Verlag ist eine Marke von Springer Fachmedien.
Springer Fachmedien ist Teil der Fachverlagsgruppe Springer Science+Business Media.
www.viewegteubner.de

Das Werk einschließlich aller seiner Teile ist urheberrechtlich geschützt. Jede Verwertung außerhalb der engen Grenzen des Urheberrechtsgesetzes ist ohne Zustimmung des Verlags unzulässig und strafbar. Das gilt insbesondere für Vervielfältigungen, Übersetzungen, Mikroverfilmungen und die Einspeicherung und Verarbeitung in elektronischen Systemen.

Die Wiedergabe von Gebrauchsnamen, Handelsnamen, Warenbezeichnungen usw. in diesem Werk berechtigt auch ohne besondere Kennzeichnung nicht zu der Annahme, dass solche Namen im Sinne der Warenzeichen- und Markenschutz-Gesetzgebung als frei zu betrachten wären und daher von jedermann benutzt werden dürften.

Umschlaggestaltung: KünkelLopka Medienentwicklung, Heidelberg
Druck und buchbinderische Verarbeitung: STRAUSS GMBH, Mörlenbach
Gedruckt auf säurefreiem und chlorfrei gebleichtem Papier.
Printed in Germany

ISBN 978-3-8348-1527-9

Flügel und ein von dem unseren verschiedener Atmungsapparat, die uns erlauben würden, den unendlichen Raum zu durchmessen, würden uns nichts nützen. Denn wenn wir Mars oder Venus besuchten und doch die gleichen Sinne behielten, so würden diese allem, was wir sehen könnten, den gleichen Aspekt wie den Dingen der Erde verleihen. Die einzig wahre Reise, der einzige Jungbrunnen wäre für uns, wenn wir nicht neue Landschaften aufsuchten, sondern andere Augen hätten, die Welt mit den Augen eines anderen, von hundert anderen betrachten, die hundert verschiedenen Welten sehen könnten, die jeder einzelne sieht, die jeder von ihnen ist.

(Marcel Proust, À la recherche du temps perdu)

Meinen Eltern

Inhaltsverzeichnis

Inhaltsverzeichnis	vii
Abkürzungsverzeichnis	ix
1 Einleitung	**1**
2 Photonische Kristallresonatoren	**5**
2.1 Photonische Kristalle	5
2.2 Maxwellgleichungen	6
2.3 Lichteinschluss	10
2.4 Resonatoren	14
2.5 Wechselwirkung von spontaner Emission und Resonator	28
3 Halbleiterresonatoren hoher Güte	**33**
3.1 Epitaktischer Aufbau und Herstellung	33
3.2 Transmissionsmessung	36
3.3 Abstimmen der Resonanzwellenlänge	41
4 Dispersion in Resonatoren	**45**
4.1 Dispersionsmessungen	45
4.2 Fabry-Perot-Modell	49
4.3 Hilbert-Transformation	52

5 Brechungsindexmessungen 55
5.1 Messungen an Gasen 55
5.2 Epitaktische und lithographische Optimierung 61

6 Quantenpunkte in Resonatoren 67
6.1 Zufällige räumliche Kopplung 67
6.2 Positionierung von Quantenpunkten 74
6.3 Adressierung von Quantenpunkten 76
6.4 Adressiergenauigkeit 86
6.5 Kontrollierte räumliche Kopplung 90

Literaturverzeichnis 103

Zusammenfassung 117

Summary 121

Abkürzungsverzeichnis

Abkürzung	Erläuterung
a	Gitterkonstante
c	Lichtgeschwindigkeit
D	Dispersionskoeffizient
E	Energie
E	elektrisches Feld
e⁻-Beam	Anlage zur Elektronenstrahlbelichtung
ECR	„electron cyclotron resonance"-Trockenätzanlage
EDFA	Erbium dotierter Glasfaserverstärker
F	Purcellfaktor
FDTD	„Finite difference time domain"-Simulation
FF	Füllfaktor
HGK	Heterogitterkonstanten-Resonator
HHR	Heterolochradius-Resonator
k	Wellenvektor
$L3h$	Linearer drei Loch-Resonator
λ	Wellenlänge
MBE	Molekularstrahlepitaxieanlage
n_{eff}	effektiver Brechungsindex
PhK	Photonischer Kristall
R-Faktor	Geometriefaktor zur Variation der Resonanzwellenlänge
PMMA	Elektronenlack, Polymethylmethacrylat
Q	Güte
RIE	„reactive ion etching"-Trockenätzanlage
τ_{Ph}	Lebensdauer eines Photons im Resonator
V	(Moden-)Volumen

Kapitel 1
Einleitung

Licht als Informationsträger wird bereits intensiv genutzt. Durch eine einzige Glasfaserleitung lassen sich beispielsweise gleichzeitig mehrere Millionen ISDN-Telefongespräche mittels Lichtsignalen übermitteln [1]. Verstärkt wird der Bedarf an Übertragungsbandbreite durch den steigenden Anteil der Datenübertragung gegenüber reinen Sprachdiensten, beispielsweise durch die vermehrte Verbreitung und Nutzung des Internets mit seinen immer aufwändigeren Inhalten wie Video-On-Demand oder nicht lokaler Datenspeicherung. Daher verlangt die Kommunikationsindustrie nach immer komplexeren optischen Komponenten [2].

Analog zur Elektronik kann dies durch die Integration mehrerer Schaltkreise auf einem Chip gelöst werden. Verglichen mit den elektronischen Integrationsmöglichkeiten stecken die optischen heute allerdings noch in den Kinderschuhen. Während sich beispielsweise in einem Itanium-Mikroprozessor von Intel unglaubliche 77 Millionen Transistoren pro Quadratzentimeter vereinen, kann auf der gleichen Fläche in planarer Silizium-Oxinitrid-Technik gerade mal ein einziger Wellenlängenkoppler untergebracht werden [3].

Hier bieten sich Photonische Kristalle als künstliche, optische Halbleiter an. Photonische Kristalle haben ähnliche Eigenschaften für Photonen, wie konventionelle Halbleitermaterialien sie für Elektronen zeigen. Die Funktionalität von Halbleitern beruht auf der Ausbildung von verbotenen Energiebereichen für Elektronen. Analog bilden sich in Photonischen Kristallen verbotene Frequenzbereiche für Photonen, auf denen basierend bereits zahlreiche Anwendungen vorgeschlagen worden sind. Unter anderem wurden fortschrittliche Komponenten für die optische Datenübertragung wie ultraschnelle Halbleiterlaser [4] und kleine Demultiplexer [5] vorgeschlagen und experimentell demonstriert.

Basierend auf der Größe einer einfachen Frequenzweiche lässt sich eine Integrationsdichte von mehreren Millionen Bauelementen pro Quadratzentimeter in einem optischen Photonischen Kritallchip prognostizieren [3]. Obwohl selbst diese hohe Zahl immer noch weit entfernt von den Integrationsdichten in der Elektronik ist, stellt sie doch eine deutliche Verbesserung der derzeitigen Integrationsdichten für optische Komponenten dar.

Eine Möglichkeit, die Photonischen Kristalle für vielfältige Einsatzmöglichkeiten zu funktionalisieren, ist die Verwendung von absichtlich eingebrachten Defekten im Photonischen Kristall. Diese Defekte fungieren als optische Resonatoren und können Licht für kurze Zeitdauern speichern. Derartige Resonatoren, insbesondere solche mit hohen Güten, die Licht verhältnismäßig lange speichern können, wurden in dieser Arbeit hergestellt und untersucht. Dabei werden die Resonatoren in Kapitel 2 vorgestellt und ihre theoretischen Eigenschaften anhand eines neuen Resonatordesigns diskutiert. In Kapitel 3 wird auf ihre Herstellung aus Galliumarsenid eingegangen.

Die verschiedenen Einsatzmöglichkeiten werden in den folgenden Kapiteln diskutiert. Diese sind vielfältig. So können die Resonatoren beispielsweise die Frequenzverschiebungen eines Signals, die sich durch chromatische Dispersion in Glasfasern ausbilden, ausgleichen. Oder sie können zwei Lichtsignale relativ zueinander zeitlich verschieben und somit als Verzögerungslinie fungieren. Derartige Anwendungen erfordern Kenntnisse der Dispersion der Resonatoren und entsprechende Experimente werden in Kapitel 4 behandelt.

Ein anderes mögliches Anwendungsgebiet erschließt sich durch die hohe Sensitivität der Resonatoren gegenüber Umgebungsänderungen. So genügt schon die Änderung des Umgebungsgases oder -drucks um eine messbare Verschiebung der Resonanzfrequenz hervorzurufen. Insbesondere die kleinen Ausmaße der Bauteile machen dies interessant. Da der eigentliche Resonator nur wenige Quadratmikrometer groß ist, lässt sich ei-

1 Einleitung

ne für optische Messverfahren sehr hohe räumliche Auflösung realisieren. Derartige Messungen und weitergehende Optimierungen der Resonatoren werden in Kapitel 5 diskutiert.

Die oben genannten Beispiele profitieren von ihrer Umsetzung in der Photonischen Kristallvariante insoweit, dass sie -teilweise erheblich- kleiner als ihre konventionellen Pendants sind und damit hohe Integrationsdichten aufweisen können. In der Wechselwirkung zwischen Photonenemitter und Resonator spielt die Ausdehnung der Resonatoren, bzw. das Volumen der Lichtmode im Resonator, hingegen eine erhebliche Rolle und wirkt sich nicht nur in der Minituarisierung, sondern auch in den physikalischen Eigenschaften aus. So skaliert beispielsweise die Emissionsrate eines Emitters in einem Resonator mit dessen inversen Modenvolumen. Kleinere Modenvolumen bedeuten also höhere Emissionsraten, wobei die Emission nur in eine Mode koppelt und so zusätzlich gezielt aufgesammelt werden kann. Hier eröffnen Photonische Kristallresonatoren im Gegensatz zu makroskopischen Bauteilen neue, ihnen eigene Experimente und Anwendungsgebiete.

Die Photonenemitter für Photonische Kristalle aus Halbleitern sind zumeist Quantenpunkte. Diese werden an zufälliger Position in den Halbleiter gewachsen, so dass der räumliche Überlapp eines spektral passenden Quantenpunkts zum Resonator nicht gewährleistet ist, sondern statistisch durch große Zahlen an Resonatoren sichergestellt werden muss. Dies führt jedoch zu einer kleinen Ausbeute an Systemen in denen genau ein Quantenpunkt mit einem Resonator wechselwirkt. Dieses Problem wird in Kapitel 6 eingehend diskutiert und ein Lösungsvorschlag vorgestellt. Dabei wird ein Verfahren entwickelt, Quantenpunkte an vorher bekannter Position aufzubringen, und in Kenntnis dieses Ortes können Photonische Kristallresonatoren relativ zu einem einzigen Quantenpunkt positioniert werden. Die Kontrolle über den räumlichen Überlapp erhöht nicht nur die Ausbeute an räumlich koppelnden Quantenpunkten, sondern überträgt sich auch in die spektrale Ausbeute, die sich ebenfalls erhöht. Die räumliche und spektrale Kopplung eines einzigen Quantenpunkts an einen Photonischen Kristallresonator ist eine Möglichkeit einen effizienten Einzelphotonenemitter zu konstruieren. Derartige Einzelphotonenquellen können in der Quantenkryptographie zur physikalisch sicheren Datenübertragung eingesetzt werden [6].

Kapitel 2
Photonische Kristallresonatoren

Motivation

Photonische Kristalle [7, 8] ermöglichen es, optische Eigenschaften eines Materials durch dessen Strukturierung einzustellen. Werden zwei Materialien mit unterschiedlichen Brechungsindizes periodisch angeordnet, kann sich durch destruktive Interferenz eine Bandlücke für Licht ausbilden. Licht bestimmter Frequenzbereiche breitet sich dann nicht mehr im Material aus und damit hängen die Transmissions- und Reflexionseigenschaften von der Strukturierung ab. Die Entstehung einer derartigen Bandlücke, deren Größe und deren spektrale Position richten sich nach dem Brechungsindexunterschied und den verwendeten geometrischen Parametern wie Periodenlänge und Materialmengenverhältnis. Da die Periodizität grundlegender Bestandteil des Wirkungsprinzips ist und da es sich hierbei um eine optische Bandlücke und keine elektronische wie im Festkörper handelt, wurden derartige Materialien „Photonische Kristalle" getauft.

2.1 Photonische Kristalle

Die Anzahl der Raumrichtungen, in denen die Periodizität vorliegt, entscheidet ob es sich um ein-, zwei-, oder dreidimensionale Photonische Kristalle (PhKe) handelt. Eindimensionale PhKe können im einfachsten Fall aus Schichten zweier unterschiedlicher Materialien bestehen, wie beispielsweise Silizium und Siliziumoxid, und werden als Verspiegelungen in optischen Systemen und in Halbleiterlasern verwendet. Dann bilden sich Periodizität und Bandlücke nur in einer Raumrichtung aus. Dies ändert sich für zwei- bzw. dreidimensionale PhKe, bei denen sich die Bandlücke in einer Ebene bzw. in allen Raumrichtungen ausbilden kann. Dreidimensionale PhKe bieten die vollständige Kontrolle über die Lichtausbreitung in allen Raumrichtungen, sind aber durch die schwierige Herstellung über ein grundlegendes Forschungsstadium noch nicht hinaus. Zweidimensionale PhKe sind dagegen vergleichsweise einfach durch die gut beherrschten Verfahren der Halbleiterstrukturierung herstellbar. So handelt es sich bei den PhKen in dieser Arbeit um zweidimensionale PhKe aus Halbleitermaterialien, die durch Elektronenstrahlbelichtung und trockenchemisches Ätzen hergestellt wurden.

2.2 Maxwellgleichungen

Das Verhalten von elektromagnetischen Wellen wird durch die Maxwellgleichungen beschrieben. Bei Abwesenheit von freien Ladungen und Strömen lauten sie im SI-System:

$$\nabla \mathbf{B} = 0 \qquad (2.1)$$

$$\nabla \mathbf{D} = 0 \qquad (2.2)$$

$$\nabla \times \mathbf{H} - \frac{\partial \mathbf{D}}{\partial t} = 0 \qquad (2.3)$$

$$\nabla \times \mathbf{E} + \frac{\partial \mathbf{B}}{\partial t} = 0 \qquad (2.4)$$

Hierbei sind $\mathbf{E}$ und $\mathbf{H}$ das elektrische bzw. das magnetische Feld, $\mathbf{D}$ und $\mathbf{B}$ sind die dielektrische Verschiebung bzw. die magnetische Induktion. Im Folgenden sei angenommen, dass das Material, in dem sich das Licht ausbreiten soll, isotrop ist, so dass die dielektrische Funktion $\varepsilon(\mathbf{r}, \omega)$ ein einfacher Skalar ist. Außerdem soll das Material unmagnetisch sein: $\mu = 1$.

$$\mathbf{D}(\mathbf{r}, t) = \varepsilon_0 \varepsilon(\mathbf{r}) \mathbf{E}(\mathbf{r}, t) \qquad (2.5)$$

$$\mathbf{B}(\mathbf{r}, t) = \mu_0 \mathbf{H}(\mathbf{r}, t) \qquad (2.6)$$

Das elektrische Feld $\mathbf{E}$ und das magnetische Feld $\mathbf{H}$ sollen mit einer har-

2.2 Maxwellgleichungen

monischen Zeitabhängigkeit angesetzt werden:

$$\mathbf{H}(\mathbf{r}, t) = \mathbf{H}(\mathbf{r})e^{i\omega t} \quad (2.7)$$

$$\mathbf{E}(\mathbf{r}, t) = \mathbf{E}(\mathbf{r})e^{i\omega t} \quad (2.8)$$

Durch Einsetzen und Differenzieren ergibt sich:

$$\nabla \times \mathbf{H} - i\omega\varepsilon_0\varepsilon(\mathbf{r})\mathbf{E} = 0 \quad (2.9)$$

$$\nabla \times \mathbf{E} + i\omega\mu_0\mathbf{H} = 0 \quad (2.10)$$

Diese beiden Gleichungen kann man wiederum ineinander einsetzen, indem man auf Gleichung 2.9 $\nabla \times \frac{1}{\varepsilon}$ anwendet und $\nabla \times \mathbf{E}$ durch Gleichung 2.10 ersetzt, wobei H-Feld und E-Feld entkoppeln:

$$\nabla \times \left(\frac{1}{\varepsilon(\mathbf{r})}\nabla \times \mathbf{H}\right) = \left(\frac{\omega}{c}\right)^2 \mathbf{H} \quad (2.11)$$

Dies ist die zentrale Gleichung zur Beschreibung PhKe. Zu ihr gibt es ein paar wichtige Punkte zu erwähnen.

Die Struktur der Formel erinnert an ein Eigenwertproblem in der Quantenmechanik. In der Tat kann man sie so auffassen, wobei der Operator $\nabla \times \frac{1}{\varepsilon(\mathbf{r})}\nabla \times$ sowohl linear als auch hermitesch ist [9].

Mit Hilfe des aus der Quantenmechanik bekannten Variationsprinzips lässt sich zeigen, dass die elektromagnetische Energie minimiert wird, wenn das D-Feld maximal mit Bereichen großer dielektrischer Funktion ε überlappt. Für diesen Beweis und weiterführende Anmerkungen sei auf [9] verwiesen.

Skalierbarkeit

Eine weitere interessante Eigenschaft von Gleichung 2.11 ist die Skalierbarkeit, was aus dem Fehlen einer immanenten Längenskala folgt. Man betrachtet die Lösungen von Gleichung 2.11 bei einer bestimmten Verteilung des dielektrischen Materials und vergleicht sie mit demselben dielektrischen Material, allerdings um einen Faktor s gestreckt.

$$\varepsilon'(\mathbf{r}) = \varepsilon(\mathbf{r}/s) \tag{2.12}$$

Dazu substituiert man $\mathbf{r'} = s \cdot \mathbf{r}$ und es ergibt sich

$$s\nabla' \times \left(\frac{1}{\varepsilon(\mathbf{r'}/s)} s\nabla' \times \mathbf{H}(\mathbf{r'}/s)\right) = \left(\frac{\omega}{c}\right)^2 \mathbf{H}(\mathbf{r'}/s) \tag{2.13}$$

Laut Definition soll das dielektrische Material gestaucht oder gestreckt sein. Mathematisch ergibt sich:

$$\varepsilon\left(\frac{\mathbf{r'}}{s}\right) = \varepsilon(\mathbf{r}) = \varepsilon(\mathbf{r} \cdot s/s) = \varepsilon'(\mathbf{r} \cdot s) = \varepsilon'(\mathbf{r'}) \tag{2.14}$$

folglich ist $\varepsilon(\frac{\mathbf{r}}{s}) = \varepsilon'(\mathbf{r'})$. Und damit wird aus 2.11 nach Division durch s:

$$\nabla' \times \left(\frac{1}{\varepsilon'(\mathbf{r'})} \nabla' \times \mathbf{H}(\mathbf{r'}/s)\right) = \left(\frac{\omega}{cs}\right)^2 \mathbf{H}(\mathbf{r'}/s) \tag{2.15}$$

Diese Gleichung hat dieselbe Form wie Gleichung 2.11, nur die Verteilung von **H** und die Frequenz skalieren mit s. Wenn die physischen Abmessungen des dielektrischen Objekts also kleiner werden, dann verkleinern sich die Lösungen von Gleichung 2.11, also die räumlichen Verteilungen von **H**, im selben Maßstab. Im Falle eines gestauchten oder gestreckten periodisch strukturierten Materials liegen beispielsweise die Wellenmaxima weiterhin bei derselben Position relativ zur Strukturierung. In der Regel müssen jedoch verschiedene Materialien bei verschiedenen Frequenzen verwendet werden, da der Brechungsindex von der Frequenz abhängt. Der Brechungsindex muss aber bei der Skalierung gleichbleiben, da sonst 2.12 nicht mehr erfüllt ist.

Hexagonales Gitter

Die periodische Strukturierung des Brechungsindexes wird bei den hier diskutierten PhKen durch Einbringen von Luftlöchern in ein Material hohen Brechungsindexes erreicht. Dabei handelt es sich hier um den Halb-

2.2 Maxwellgleichungen

leiter Galliumarsenid (GaAs). Die Luftlöcher können in verschiedenen periodischen Mustern angeordnet werden, wobei in dieser Arbeit ausschließlich das hexagonale Gitter verwendet wurde. Abb. 2.1 Teil a) zeigt eine schematische Darstellung eines hexagonalen Gitters. Die dunklen Kreise stellen die Luftlöcher, die weißen Bereiche das Halbleitermaterial dar. Es sind die beiden Bravaisgittervektoren der Länge a, die durch Drehung um 60° ineinanderübergehen, zusammen mit der Wigner-Seitz-Zelle eingezeichnet. In Teil b) derselben Abbildung ist das hexagonale Gitter im reziproken Raum dargestellt und zusätzlich sind zwei Richtungen hoher Symmetrie markiert, die ΓK- und die ΓM-Richtung, die eine mögliche irreduzible Brillouinzone aufspannen. In Teil c) ist noch einmal der Realraum eingezeichnet. Da häufig Vektoren aus dem reziproken Raum als Richtungen im Realraum verwendet werden, sind hier die ΓK- und die ΓM-Richtungen miteingezeichnet.

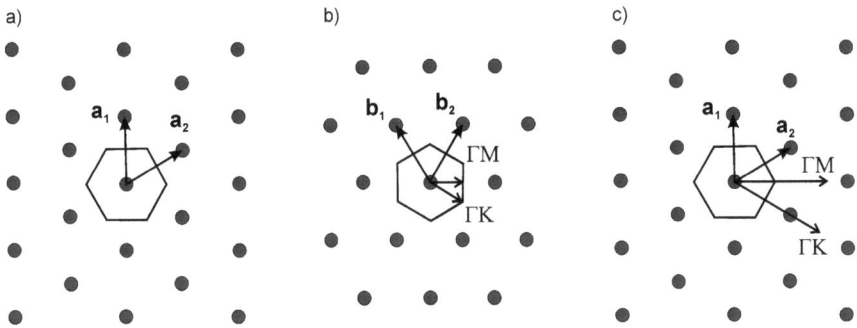

Abbildung 2.1: *a) Hexagonales Gitter mit Gittervektoren im Realraum und zugehöriger Wigner-Seitz-Zelle. b) Hexagonales Gitter im reziproken Raum mit Brillouin-Zone. c) Realraum mit Symmetrierichtungen.*

Die Luftlöcher haben alle denselben Radius r. Als alternative Beschreibung kann der Füllfaktor FF angegeben werden. Dieser ist das Verhältnis an Halbleiteroberfläche zu Luftlöchern also in Abb. 2.1 Teil a) das Verhältnis von heller zu dunkler Fläche. Er liegt typischerweise zwischen 20% und 30% und ergibt sich aus dem Radius nach:

$$FF = \frac{2\pi}{\sqrt{3}} \left(\frac{r}{a}\right)^2 \tag{2.16}$$

Zur Bestimmung des Füllfaktors werden Elektronenmikroskopaufnahmen verwendet. Die Bildpixel werden durch einen Schwellwert in helle und dunkle unterteilt. Das Verhältnis der beiden ergibt den Füllfaktor. Im Gegensatz zum direkten Ausmessen einzelner Lochradien erlaubt dieses Verfahren die Mittelung über eine große Anzahl von Löchern und senkt so den Messfehler.

2.3 Lichteinschluss

Bisher wurde nur die Strukturierung in der Kristallebene diskutiert. Um reale Strukturen herzustellen, werden aber Löcher in den Halbleiter eingebracht. Da diese Löcher endlich sind, handelt es sich tatsächlich nur um Näherungen von idealen zweidimensionalen Kristallen. Durch sehr tief Löcher kann man sich an das theoretische Modell annähern [10]. In dieser Arbeit wird jedoch ein anderer Ansatz verfolgt. Dafür werden die PhKe in einen Schichtwellenleiter eingebracht. Der Lichteinschluss in der Vertikalen wird durch Totalreflektion bewerkstelligt, während in der Ebene die Bandlücke genutzt wird, wodurch das Licht in allen drei Raumrichtungen eingeschlossen werden kann. Die beiden unterschiedlichen physikalischen Prinzipien sollen im Folgenden erläutert werden.

Vertikaler Lichteinschluss

Bevor der Lichteinschluss in der Ebene der zweidimensionalen PhKe diskutiert wird, soll auf den Einschluss des Lichts in der Vertikalen eingegangen werden. Dieser wird durch Totalreflexion des Lichts an Halbleiter-Luft-Übergängen erreicht. Dazu wird ein Schichtwellenleiter verwendet, der aus einem Material mit Brechungsindex n_0 besteht und auf beiden Seiten von niedriger brechendem Material umgeben ist, in diesem Fall Luft. Eine Schemadarstellung eines Schichtwellenleiters findet sich in Abb. 2.2 Teil a). Es ergeben sich diskrete Moden, die nach der Zahl der Nullstellen

2.3 Lichteinschluss

der transversalen Feldverteilung nummeriert werden können [11].

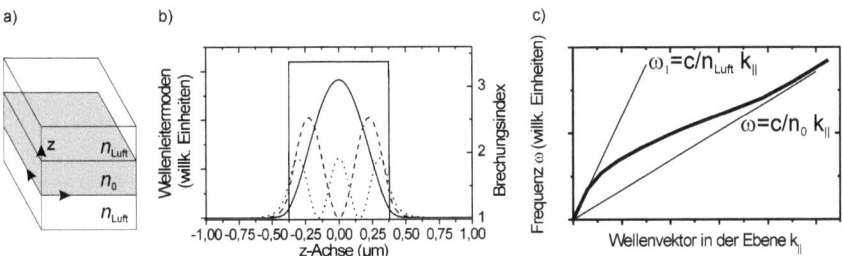

Abbildung 2.2: a) *Schematische Darstellung eines Schichtwellenleiters.* b) *Moden im Schichtwellenleiter.* c) *Dispersionsrelation der Grundmode.*

Die Feldverteilung der Grundmode hat keine Nullstelle und ist in Abb. 2.2 Teil b) als durchgezogenen Linie zusammen mit zwei höheren Moden eingezeichnet. Dabei wird nur der Fall betrachtet, in dem das elektrische Feld in der Ebene des Schichtwellenleiters liegt. Da die Mode (wie in Abb. 2.2 Teil b) zu erkennen) teilweise im Schichtwellenleiter und teilweise im umgebenden Material geführt wird, gilt für sie ein effektiver Brechungsindex [12], der zwischen dem des Schichtwellenleiters und dem von Luft liegt. Da die verschiedenen Moden verschiedene effektive Brechungsindizes haben, bewegen sie sich mit unterschiedlichen Geschwindigkeiten im Schichtwellenleiter, wodurch es zu Modendispersionseffekten kommt. Bei den für die PhKe verwendeten Schichtwellenleitern handelt es sich um beidseitig von Luft begrenzte Halbleiterschichten, deren Dicke der halben Wellenlänge $\lambda/2$ in der Bandlücke entspricht. Durch die Wahl dieser Dicke kann sich nur die Grundmode verlustarm ausbreiten und es kann nicht zu Modendispersionseffekten kommen. In einem $\lambda/2$-Schichtwellenleiter für GaAs bei 1550 nm ergibt sich ein effektiver Brechungsindex $n_{\text{eff}} = 2{,}83$. In Teil c) der Abbildung ist das Dispersionsdiagramm für die Grundmode skizziert. Für kleine Wellenvektoren nähert sich die Kurve der Dispersionsrelation in Luft an, während sie sich für große Werte der Dispersionsrelation im Volumenmaterial angleicht. Teilt man den Wellenvektor **k** in einen Teil auf, der parallel zur Ebene liegt und in einen senkrecht dazu, ergibt sich:

$$|\mathbf{k}| = \sqrt{\mathbf{k}_\parallel^2 + \mathbf{k}_\perp^2} \qquad (2.17)$$

Sei $\mathbf{k}_\parallel$ beliebig aber fest. Dann gibt es eine Frequenz ω_1 für die gilt:

$$\omega_1 = \frac{c}{n_\text{Luft}} \cdot \sqrt{\mathbf{k}_\parallel^2} \qquad (2.18)$$

Also $\mathbf{k}_\perp^2 = 0$. Folglich kann sich das Licht nicht in vertikaler Richtung ausbreiten und den Wellenleiter verlassen. Für kleinere Werte der Frequenz als ω_1 muss $\mathbf{k}_\perp$ sogar imaginär werden. Dies bedeutet, dass die Welle in vertikaler Richtung exponentiell abfällt und damit das Feld im Schichtwellenleiter lokalisiert wird. Derartige Wellen heißen geführte Wellen. Im Gegensatz dazu existieren auch nichtgeführte Wellen für $\omega > \omega_1$, die in vertikaler Richtung den Schichtwellenleiter verlassen können. Die Grenzkurve $\omega_1(\mathbf{k}_\parallel, \mathbf{k}_\perp = 0)$ heißt in diesem Zusammenhang Lichtlinie oder Lichtkegel und wird in Banddiagramme für PhKe in Schichtwellenleitern miteingezeichnet. Abb. 2.2 Teil c) zeigt die Lichtlinie im Dispersionsdiagramm eines Schichtwellenleiters. Technisch interessant ist der Bereich unter der Lichtlinie, in dem die Moden geführt werden.

Horizontaler Lichteinschluss

Eine schematische Darstellung eines PhKs in einem Schichtwellenleiter ist in Abb. 2.3 Teil a) und das zugehörige Dispersionsdiagramm in Teil b) gezeigt. Die aufgetragenen Richtungen im Kristall entsprechen den Richtungen in Abb. 2.1. Zur Berechnung wurde ein frei erhältliches Programm zur Bestimmung der Eigenmoden durch einen Ansatz mit ebenen Wellen verwendet [13]. Dabei wurde ein Brechungsindex von 3,38 eingesetzt, was dem von GaAs-Volumenmaterial bei Raumtemperatur im spektralen Bereich um 1550 nm Wellenlänge entspricht, und ein Füllfaktor von 25% angenommen. Moden über der Lichtlinie, also nicht geführte Moden, wurden durch die hellgraue Schattierung abgedeckt.

Durch die Spiegelsymmetrie entlang der Vertikalen im PhK-Schichtwellenleiter kann eine Unterteilung der Polarisationen vorgenommen werden.

2.3 Lichteinschluss

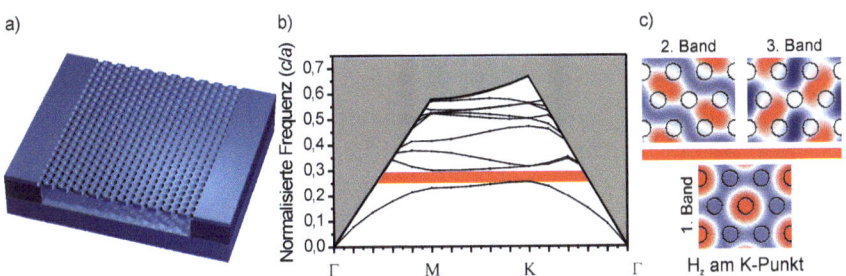

Abbildung 2.3: *a) Schematische Darstellung eines PhKs in einem Schichtwellenleiter. b) Bandstruktur desselben. c) Die Modenverteilungen (H_z) für die drei Bänder mit der niedrigsten Energie.*

Dabei können sich nur zwei verschiedene Polarisationsklassen ausbilden, die transversal elektrische (TE), bei der das elektrische Feld in der Ebene liegt und das magnetische Feld aus der Ebene heraussteht, und die transversal magnetische (TM), bei der es umgekehrt ist [9]. Wird die Symmetrie aufgehoben, dann kann es zur Kopplung zwischen TE- und TM-Polarisation kommen [14]. Im Fall der zweidimensionalen PhKe ist die TE-Polarisation die wichtigere, da die Bandlücke für TE-polarisiertes Licht und für Füllfaktoren im Bereich um 25% größer ist als für TM-polarisiertes Licht. Daher ist auch nur die TE-Polarisation dargestellt.

Man erkennt die Ausbildung mehrerer Bänder, wobei zwischen den beiden Bändern mit der niedrigsten Energie, Band 1 und Band 2, ein Bereich ohne optische Zustände liegt, die Bandlücke. Diese wurde durch einen roten Balken markiert. Dabei sei darauf hingewiesen, dass in dieser Arbeit unter Bandlücke nur die zweidimensionale Bandlücke für TE-polarisiertes Licht verstanden wird, also insbesondere keine Bandlücke in vertikaler Richtung, die nur in dreidimensionalen PhKen entstehen kann.

Wie lässt sich nun das Entstehen der Bandlücke physikalisch erklären? Um dies verdeutlichen zu können, wurde die H_z-Verteilung der drei niederenergetischsten Bänder am K-Punkt in Abb. 2.3 Teil c) dargestellt. Man erkennt, dass die Knotenlinien des H_z-Feldes für das erste Band komplett im dielektrischen Material liegen. Nach dem oben erwähnten elektromagnetischen Variationstheorem wird die Energie einer Mode minimal, wenn der Überlapp ihres **D**-Feldes mit Bereichen hohen Brechungsindexes maximal wird. Da aber das **D**-Feld gerade an den Knotenlinien von **H** maximal wird (folgt aus Gleichung 2.9), hat die erste Mode die minimal mögliche Energie. Die nächste Mode muss jedoch durch die Hermitizitätbedingung orthogonal zur ersten liegen. Da dabei ihre Knotenlinie die Luftlöcher mit dem erheblich niedrigeren Brechungsindex schneidet, liegt für die höheren Bänder ein großer Teil ihres **D**-Feldes in Luft. Daher haben sie viel höhere Energien als das erste Band und der Abstand zwischen erstem und zweitem Band öffnet die Bandlücke. Das erste Band wird folglich oft als dielektrisches Band und das zweite als Luftband bezeichnet.

Die Bandlücke in Abb. 2.3 liegt um die Frequenz $\omega = 0{,}27$ c/a. Das bedeutet, dass für eine angestrebte Wellenlänge von 1550 nm die Gitterperiode um 400 nm liegen muss. Die Breite der Bandlücke ist 8% der Frequenz in der Bandlückenmitte. Generell ist die Größe der Bandlücke eines festen Gitters eine Funktion der Dicke des Schichtwellenleiters, des Brechungsindexkontrasts zwischen den beiden Materialien, die den PhK aufbauen, und des Füllfaktors. Die Dicke des Schichtwellenleiters ist durch die Bedingung der Monomodigkeit begrenzt und der Brechungsindexkontrast ist durch das verwendete Halbleitermaterial festgelegt. Die Bandlücke wird für Füllfaktoren um 45% maximal, wobei sie sich in diesem Bereich zusätzlich für TM-Polarisation öffnet. Tatsächlich werden jedoch Füllfaktoren um 25% verwendet, da die Breite der Bandlücke für die meisten Experimente ausreichend groß ist und eine weitere Vergrößerung über den Füllfaktor die mechanische Stabilität schwächt.

2.4 Resonatoren

Die Symmetrie des hexagonalen Gitters kann durch Entfernen oder durch Hinzufügen von Material aus dem perfekt-periodischen Gitter kontrolliert gestört werden. Dabei werden absichtlich Defekte erzeugt, in denen Licht lokalisiert werden kann. Man unterscheidet je nach Dimensionalit zwischen eindimensionalen Liniendefekten und nulldimensionalen Punktdefekten.

Linienwellenleiter

Durch das Einbringen von Liniendefekten, die man als Wellenleiter verwendet, kann ein Grundgerüst für die Verbindung von optischen Elementen im PhK gebildet werden. Mit ihnen kann Licht von einem Punkt des PhKs zu einem anderen geleitet werden. Man bezeichnet Wellenleiter, bei denen eine Lochreihe modifiziert ist, als W1-Wellenleiter, breitere Wellenleiter entsprechend als W2, W3, etc. Abb. 2.4 Teil a) zeigt einen W1 in ΓK-Richtung bei dem die Löcher vollständig gefüllt sind.

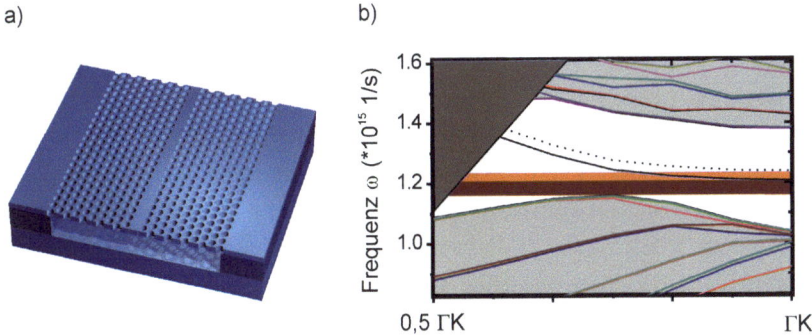

Abbildung 2.4: *a) Schematische Darstellung eines W1-Wellenleiters. b) Die Bandstruktur für zwei W1-Wellenleiter mit leicht veränderter Gitterkonstante. Um die Modenlücke (orange markierter Bereich) zeigen zu können, wurde die Bandstruktur gegen die absolute Frequenz aufgetragen.*

Das Dispersionsdiagramm zweier W1-Wellenleiter mit leicht unterschiedlicher Gitterkonstante ist in Abb. 2.4 Teil b) gezeigt. Dabei wurde der Bereich über der Lichtlinie dunkelgrau überzeichnet und Bereiche außerhalb der Bandlücke wurden hellgrau unterlegt. Die W1-Mode des Wellenleiters mit der kleineren Gitterkonstanten ist in der Bandlücke als durchgezogene Linie zu erkennen. Der andere Wellenleiter hat eine um 2,5% kleinere Gitterkonstante und sein Dispersionsverlauf ist als gestrichelte Linie eingezeichnet. Aufgrund des Skalierungsverhaltens verschiebt sich die Mode für kleinere Gitterperioden zu kleineren Wellenlängen und damit höheren Energien. Der Unterschied zwischen den beiden Moden wird als Modenlücke bezeichnet. Zur Unterscheidung wurde die Bandlücke in der Abbildung rot eingezeichnet und die entstandene Modenlücke orange. Durch die Modenlücke ist es auf einfache Weise möglich, die Eigenschaft der W1-Mode zu beeinflussen. Denkt man sich beispielsweise einen Wellenleiter, dessen umgebender PhK an einer Stelle die Gitterkonstante verändert, dann kann sich eine eingestrahlte Welle im Bereich der Modenlücke, also dem orange einzeichneten Bereich, in dem W1 mit der größeren Gitterkostante ausbreiten. Sie wird jedoch im Bereich der kleineren Gitterkonstante reflektiert, da sich in der Modenlücke dort keine Zustände befinden [15]. Dieses Konzept wird im Folgenden wieder aufgegriffen, um Punktresonatoren hoher Güte zu konzipieren.

Punktresonatoren

Nulldimensionale Defekte lassen sich durch Erhöhen oder Absenken der dielektrischen Funktion an einer Stelle des Kristalls einbringen. Es entstehen Punktdefekte, die von der Bandlücke umgeben sind und in denen Licht lokalisiert werden kann [16]. Die verschiedenen Defekte können jeweils durch Entfernen von Material, also beispielsweise durch Vergrößern von Luftlöchern, oder durch Hinzufügen von Material bis hin zum Schließen von Luftlöcher erzeugt werden [9]. Durch Entfernen von Material wird die Defektmode aus dem Band unterhalb der Bandlücke nach oben in die Bandlücke gezogen. Wie weit die Mode verschoben wird, hängt davon ab, wieviel Material im Gegensatz zum unveränderten Kristall weggenommen wurde.

Die entstehenden optischen Resonatoren werden neben der Resonanzfrequenz vor allem durch zwei weitere Größen charakterisiert, die Güte Q und das Modenvolumen V. Die Güte Q gibt den relativen Energieverlust pro Zeiteinheit an. Sie ist definiert nach

$$Q = -\omega \frac{E}{\frac{dE}{dt}} \qquad (2.19)$$

2.4 Resonatoren

Dabei ist ω die Resonanzfrequenz, E die im System gespeicherte Energie und $-\frac{dE}{dt}$ die abgeführte Leistung [11]. Die Güte entspricht also dem Vermögen des Resonators Energie zu speichern und wird durch Verlustkanäle wie Streuung aus der Ebene und Materialabsorption verkleinert. Aus Gleichung 2.19 ergibt sich die Lebensdauer τ_{Ph} eines Photons im Resonator:

$$\tau_{Ph} = \frac{Q}{\omega} \quad (2.20)$$

Die Güte ist durch die Fouriertransformierte mit der Halbwertsbreite $\delta\omega$ eines Resonators über

$$Q = \frac{\omega}{\delta\omega} = \frac{\lambda}{\delta\lambda} \quad (2.21)$$

verknüpft. Dies erlaubt die einfache experimentelle Bestimmung der Güte aus der spektralen Auftragung.

Weiterhin kann die Güte [17] in ihre Einzelkomponenten unter Berücksichtigung aller Verlustkanäle zerlegt werden nach

$$\frac{1}{Q} = \frac{1}{Q_v} + \frac{1}{Q_x} + \frac{1}{Q_y} \quad (2.22)$$

wobei Q_v die Güte in der Vertikalen, Q_y die Güte entlang ΓK und Q_x die Güte in ΓM ist. Dies folgt aus der Energieerhaltung, da die abgeführte Leistung in die einzelnen Richtungen zusammen die gesamt abgeführte Leistung ergeben muss. Diese Zerlegung erlaubt die Verluste aufzuschlüsseln und so die einzelnen Verlustmechanismen zu diskutieren.

Die andere Größe ist das Modenvolumen V, das angibt über welches Volumen sich eine Mode erstreckt. Das Modenvolumen ist für die hohe Integrierbarkeit von Bauteilen wichtig, sorgt aber beispielsweise auch dafür, dass Resonanzfrequenzen weit entfernt voneinander liegen, also einen hohen freien Spektralbereich haben. Für zwei unterschiedlich lange, makroskopische Fabry-Perot-Resonatoren hat der kleinere Resonator den größeren freien Spektralbereich. Da das Modenvolumen für die Resonatoren dieser Arbeit in der Größenordnung von $(\lambda/n)^3$ liegt und die Resonatoren sich damit an der unteren Grenze für eine mögliche Ausdehnung befinden, liegen die Resonanzen sehr weit auseinander. Das Modenvolumen V ist mathematisch definiert [17] als

$$V = \frac{\int \varepsilon(\mathbf{r})|\mathbf{E}(\mathbf{r})|^2}{\max[\varepsilon(\mathbf{r})|\mathbf{E}(\mathbf{r})|^2]} \qquad (2.23)$$

Dabei ist $\mathbf{E}$ das elektrische Feld und ε die dielektrische Funktion.

Die Kombination aus hoher Güte und kleinem Modenvolumen ist für eine Vielzahl von Anwendungen und Effekten wichtig. So ist beispielsweise die in einem Resonator lokalisierte Intensität proportional zu Q/V, wodurch sich selbst für kleine Eingangsleistungen unter 1 mW nichtlineare Effekte beobachten lassen [18, 19, 20]. Andererseits ist sie für Experimente zu starker und schwacher Kopplung in Kavitäten wichtig [21, 22]. So auch für die Manipulation der spontanen Emission durch den Purcell-Effekt, der mit Q/V skaliert und effiziente Einzelphotonenquellen ermöglicht. Dieser Effekt erlaubt auch die Herstellung von Lasern mit geringer Schwelle [23, 24, 25, 26] und sehr schnelle Laser, die sich mit Frequenzen über 100 GHz modulieren lassen [4].

Die maximal erreichten Güten wurden 2003 vervielfacht durch Einführung eines neuen Designprinzips, das als „light should be confined gently in order to be confined strongly" [27, 28] schlagwortartig Einzug in die Wissenschaftssprache gefunden hat. Zuvor waren Güten auf Werte unter 10000 beschränkt [29, 30]. Noda et al. veröffentlichen 2003 bzw. 2005 zwei verschiedene Resonatorendesigns [27, 31], wobei schon das erste in seiner experimentellen Demonstration auf Siliziumbasis eine maximale Güte von 45000 zeigte. Mit einem Modenvolumen von $7 \cdot 10^{-14}$ cm^3 verbesserte sich damit das Q/V-Verhältnis um ein bis zwei Größenordnungen gegenüber vorherigen Entwürfen. Beide Resonatortypen wurden im Zuge dieser Arbeit auf GaAs hergestellt und für Experimente verwendet. Sie sollen im Folgenden eingeführt werden. Dabei wird zuerst der „double heterostructure resonator" aufgrund seines interessanten Spiegelmechanismus erläutert und anhand dessen das Designprinzip erläutert. Danach wird kurz auf den anderen Resonatortyp, den L3h-Resonator, eingegangen.

Optimierte Resonatoren hoher Güte

Abbildung 2.5 zeigt als Beispiel eines Hetero-Resonators einen Hetero-Gitterkonstanten-Resonator (HGK) ähnlich zu dem in Referenz [31] vorgestellten. Teil a) zeigt eine schematische Darstellung und Teil b) zeigt eine Elektronenmikroskopaufnahme. Dabei sind jeweils zwei Bereiche grau markiert. Diese Bereiche haben kleinere Gitterkonstanten als die anderen Bereiche, was allerdings durch den kleinen Unterschied von nur 10 nm in der Abbildung nicht zu erkennen ist, und werden als Spiegelbereiche bezeichnet. Die Kavität liegt zwischen den markierten Bereichen und ist 2 Gitterkonstanten lang. Der Kristall im Bereich der Kavität und außerhalb der Spiegel hat eine Gitterkonstante von 410 nm. Um den Resonator auf der Probe erkennen zu können, wurden die Spiegelbereiche quer zum Wellenleiter verlängert, was allerdings keinen Einfluss auf seine Resonatoreigenschaften hat. Durch die kleinere Gitterkonstante wird nach der Skalierbarkeit der PhKe die Wellenleitermode zu höheren Energien verschoben und es entsteht eine Modenlücke, die bei der Diskussion der Wellenleiter schon eingeführt wurde. Dies bedeutet, dass Licht, welches spektral in der Modenlücke liegt, nicht über den Wellenleiter durch die Spiegelbereiche entweichen kann und daher ähnlich einem Fabry-Perot-Resonator von zwei Spiegelbereichen eingeschlossen ist. Analog zu diesem bildet sich eine Resonanz aus. Durch Verwendung der Modenlücke müssen keine Löcher in den W1 zur Lichtlokalisierung eingebracht werden, wel-

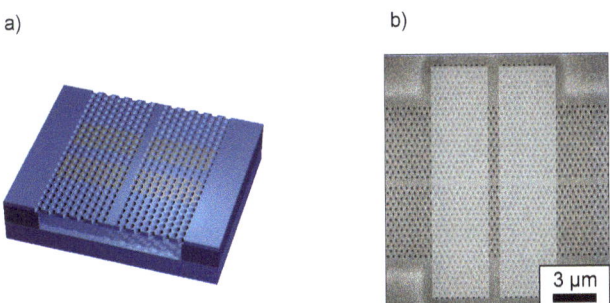

Abbildung 2.5: *a) Schematische Darstellung eines HGK. Die Bereiche mit kleinerer Gitterkonstante sind markiert. b) Elektronenmikroskopaufnahme eines HGK.*

che durch Imperfektionen Licht aus der Ebene streuen könnten und damit die Verluste erhöhen würden. Dies erleichtert die tatsächliche Herstellung. Um einen Versatz zwischen den Löchern zu vermeiden, wird die Gitterkonstante nur in Richtung des Wellenleiters geändert.

Der Effekt der Modenlücke kann nicht nur durch Variation der Gitterkonstanten erreicht werden, obwohl er in diesem Fall durch die Skalierbarkeit der PhKe sofort ersichtlich ist. Er kann lithographisch auch durch Variation des Füllfaktors oder der Breite des Wellenleiters [32, 33, 34] realisiert werden. Weiterhin ist eine Befüllung der Löcher durch Material mit unterschiedlichen Brechungsindizes [35] denkbar oder eine elektrisch bzw. optisch stimulierte Variation des Brechungsindexes. Alle diese Varianten des Hetero-Resonators ändern den effektiven Brechungsindex und verschieben so die W1-Mode. Im Zuge dieser Arbeit wurden Resonatoren mit Modenlücke basierend auf einer Variation der Gitterkonstanten und des Lochradius hergestellt und charakterisiert.

Woher rühren die hohen Güten der Hetero-Resonatoren? In der Ebene werden die PhK-Resonatoren durch den PhK fast vollkommen von der Umgebung abgeschirmt. Vernachlässigt man Fabrikationsfehler und Absorption des Halbleiters, dann ist der Hauptverlust und damit der Grund für die Begrenzung der Güten die Abstrahlung in die Vertikale. Diese soll durch Totalreflexion verhindert werden. Allerdings besitzen Moden in Resonatoren kleiner Ausdehnung eine Vielzahl von Wellenvektoren. Dabei ist zu unterscheiden zwischen denjenigen Wellenvektoren mit einer Tangentialkomponente $k_\parallel < \frac{2\pi}{\lambda}$, die oberhalb der Lichtlinie liegen und damit in den Raum abstrahlen können, und denjenigen, die darunter liegen und durch Totalreflexion im Schichtwellenleiter eingeschlossen sind [27]. Ziel der Optimierung ist es nun, den Anteil der Wellenvektoren oberhalb der Lichtlinie zu minimieren.

Die Wellenvektoren können durch eine Fouriertransformation des elektrischen Feldes der Mode bestimmt werden. Zur Modellierung kann dabei das Feld im Resonator in zwei Anteile zerlegt werden, einmal eine Grundwelle mit Periode λ und eine Einhüllende. Das elektrische Feld in einem PhK-Resonator ist beispielsweise in Abb. 2.6 gezeigt. Man erkennt die Grund-

2.4 Resonatoren

welle und die Einhüllende. Teil a) und Teil b) zeigen dabei das elektrische Feld für unterschiedliche geometrische Parameter. Es wird deutlich, dass die Einhüllende in Teil a) gaußkurvenförmig ist, während sie in Teil b) vom idealen Verlauf abweicht.

Die Grundwelle hat ihre beiden Maxima im Fourierraum unter der Lichtlinie, während die Einhüllende eine zusätzliche Modulation bewirkt. Wie gesehen wird die Form der Einhüllenden durch die physikalische Ausbildung des Resonators bestimmt. Dabei hat sich herausgestellt, dass eine gaußkurvenförmige Einhüllende einen guten Kompromiss zwischen Lokalisierung des Lichts und sanftem Verlauf, und daraus resultierend geringer Abweichung im reziproken Raum von den Maxima der Grundwelle unterhalb der Lichtlinie, ergibt. Folglich soll durch die Optimierung der Geometrie die Einhüllende an eine Gauß-Kurve genähert werden. Dies wird im Folgenden für die Hetero-Resonatoren diskutiert.

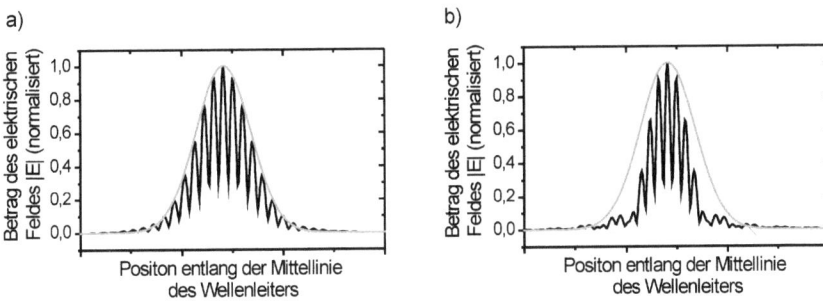

Abbildung 2.6: *Elektrisches Feld $|E|$ entlang der Wellenleitermitte zweier HHR mit Spiegellochradius a) 0,27 a und b) 0,36 a. Die hellgraue Kurve ist eine Gaußfunktion.*

Die verschiedenen Varianten der Hetero-Resonatoren sind sich untereinander durch den Ursprung der Fundamentalmode, die Lokalisierung durch die Modenlücke und die Optimierungsmöglichkeiten sehr ähnlich. Entsprechend haben sie drei verschiedene, für die Optimierung der Güten wichtige Parameter gemein. Der Einfluss der drei Parameter auf die Güte wird im Folgenden diskutiert. Um die Parameter einzuführen, ist in Teil a) der Abb. 2.7 ein Beispiel für einen Hetero-Radius-Resonator (HRR) dar-

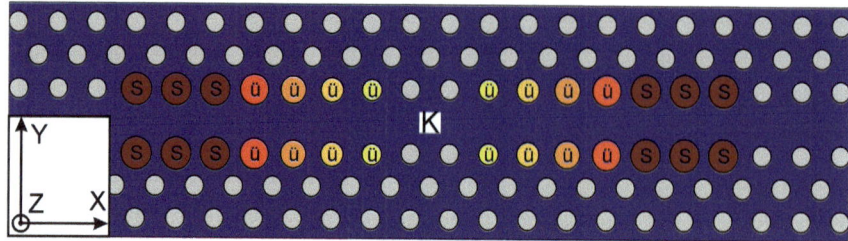

Abbildung 2.7: *Schema eines HHR. Die Kavität ist mit K markiert und die Löcher des Übergangsbereichs (Spiegelbereichs) sind mit ü (S) markiert.*

gestellt, bei dem die Modenlücke durch Vergrößerung der Radien einiger Löcher in den beiden Zeilen am Wellenleiterrand geöffnet wird. In dieser schematischen Darstellung ist die Vergrößerung der Radien überhöht dargestellt, um die Position der vergrößerten Löcher zu verdeutlichen. Der Kavitätsbereich ist durch den Buchstaben K markiert. Daran schließt sich der Übergangsbereich an, markiert durch Ü, und daran der Spiegelbereich mit den größten Radien, markiert durch S.

Der erste zu diskutierende Parameter gibt die Größe der Abweichung an, die die Modenlücke öffnet, also beispielsweise den Unterschied in den Gitterkonstanten oder in den Lochradien, und ist vergleichbar mit der Höhe der einfassenden Potentialwände eines endlichen Potentialtopfs in der Quantenmechanik. Diese Abweichung ändert sich im allgemeinen Fall über mehrere Gitterkonstanten, dem Übergangsbereich, und dies wird vom zweiten Parameter erfasst, also der Steigung der Potentialwände. Der dritte Parameter ist die Breite der Spiegelbereiche, also die Dicke der Potentialwände.

Der Verlauf der Lochradien entlang des Wellenleiters für einen beispielhaften HHR ist in Abb. 2.8 Teil a) gezeigt. Dieser entspricht grob dem Verlauf des gedachten Potentials und die Bedeutung der drei Parameter auf Potentialhöhe, -dicke und -steigung wird damit deutlich. Teil b) zeigt die Vertikalkomponente des magnetischen Feldes für die Fundamentalmode. Die Mode wurde mittels einer „Finite difference time domain"-Simulation (FDTD) [36] bestimmt. Die Lokalisierung des Feldes im Bereich der Kavität ist deutlich zu erkennen, obwohl der Unterschied der Lochradien in

2.4 Resonatoren

dieser maßstabsgetreuen Darstellung kaum sichtbar ist.

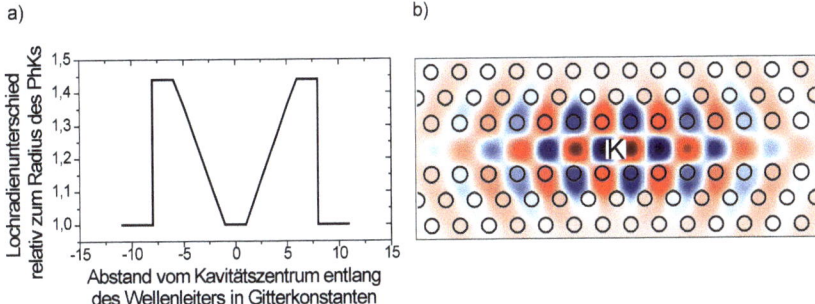

Abbildung 2.8: *a) Verlauf der Lochradien entlang des Wellenleiters. b) Fundamentalmode (H_z), das Kavitätszentrum ist mit K markiert.*

Wenden wir uns dem ersten Parameter zu. Für höhere Potentialwände, also im oben beschriebenen Beispiel für größere Lochradien in den Spiegelbereichen, wird der Übergang zwischen Spiegel- und Kavitätsmode härter. Durch den abrupten Wechsel und damit verbunden der Abweichung der Einhüllenden von einer perfekten Gaußkurve entstehen weitere Fourierkomponenten. Zusätzlich verkleinert sich die laterale Ausdehnung der Mo-

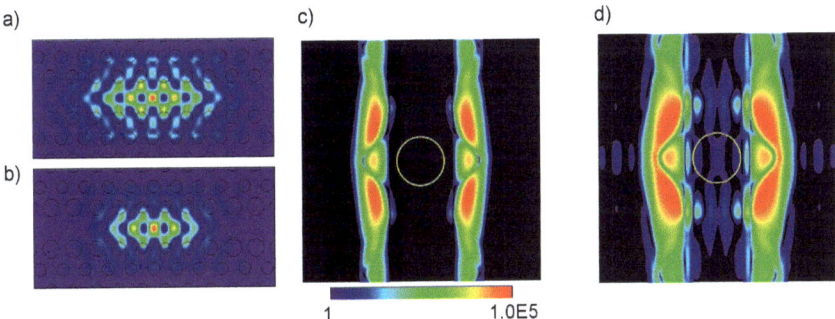

Abbildung 2.9: *Modenverteilungen ($\mathbf{E}^2$) für einen HHR mit Spiegellochradius a) 0,27 a und b) 0,36 a. c) und d) zugehörige Wellenvektor-Verteilung in log. Darstellung.*

de, was zu einer Aufweitung im reziproken Raum und damit auch zu weiteren Fourierkomponenten führt. In Abb. 2.9 ist dies für die FDTD-Simulation zweier HRR mit jeweils 2 a langem Übergangsbereich gezeigt. Die Mode des Resonators mit dem kleineren Radius der Spiegellöcher $r_S = 0{,}27\ a$ in Teil a) ist deutlich größer als die in Teil b) gezeigte Mode für einen Resonator mit $r_S = 0{,}36\ a$. Daraus resultieren sichtbare Abweichungen in der Fourier-Verteilung in den Teilen c) und d). Der Resonator mit den größeren Löchern hat mehr Fourierzustände innerhalb des gelben Lichtkegels, also im Verlustbereich. Dies wirkt sich auf die Güte aus, die entsprechend für große Lochradien sinkt. Das Auftauchen von Zuständen innerhalb des Lichtkegels wird auf die Abweichungen der Einhüllenden des elektrischen Feldes dieses Resonators zurückgeführt. Abb. 2.6 zeigt die beiden Feldverteilungen entlang des Wellenleiters. Für den Resonator mit $r_S = 0{,}27\ a$ in Teil a) lässt sich eine gaußkurvenförmige Einhüllende finden, die in der Abbildung hellgrau eingezeichnet ist. Dagegen ist offensichtlich, dass die Verteilung in Teil b) nicht gaußkurvenförmig ist. Dies verdeutlicht, dass Resonatoren mit einer gaußkurvenförmigen Einhüllenden weniger Fourierkomponenten im verlustbehafteten Bereich innerhalb des Lichtkegels haben, was zu höheren Güten führen kann.

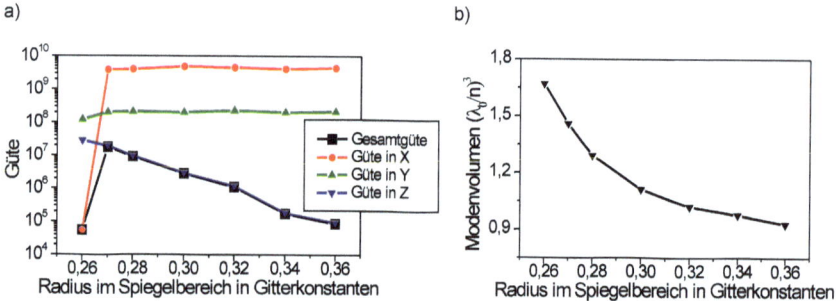

Abbildung 2.10: *a) Güten in Abhängigkeit vom Spiegellochradius. b) Abhängigkeit des Modenvolumens vom Spiegellochradius.*

Abb. 2.10 Teil a) und Teil b) zeigen die Abhängigkeit der Güte bzw. des Modenvolumens vom Spiegelradius. Die Güte wird für $r_S = 0{,}27\ a$ maximal,

2.4 Resonatoren

für größere Werte fallen sowohl Modenvolumen als auch die Güte aus den genannten Gründen. Für kleinere Spiegelradien fällt die Güte rasch ab, da die Modenlücke so klein wird, dass der Modeneinschluss in Richtung des Wellenleiters darunter leidet, weswegen Q_x die Gesamtgüte begrenzt. Da die Änderung des Modenvolumes klein ist gegen die Änderung der Güte, ist für das Verhältnis Q/V die Güte ausschlaggebend.

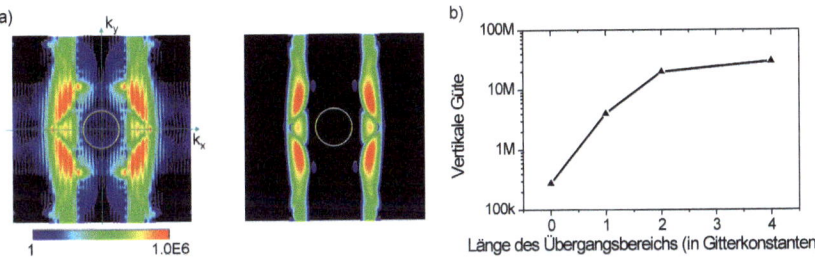

Abbildung 2.11: a) *Wellenvektor-Verteilung in logarithmischer Darstellung für einen HHR ohne Übergangsbereich bzw. mit 4 a langem Übergangsbereich.* b) *Güte in vertikaler Richtung.*

Die Potentialsteigung wird durch den Übergangsbereich zwischen den Radien im Kavitätsbereich und im Spiegelbereich bestimmt. Dieser hat direkten Einfluss auf den sanften Verlauf der Einhüllenden und damit die Gesamtgüte. Abb. 2.11 Teil a) zeigt einen Resonator ohne Übergangsbereich bzw. mit 4 Gitterkonstanten breitem Übergangsbereich. Deutlich ist im ersten Fall die Anzahl von Fourierkomponenten im Bereich des Lichtkegels zu erkennen, während für den Resonator mit sanfterem Einschluss im selben Maßstab keine Fourierkomponenten zu erkennen sind. Der Verlauf der Güte in vertikaler Richtung ist in Abb. 2.11 Teil b) gezeigt. Man erkennt, dass die Güte für nur 3 Gitterkonstanten breite Übergangsbereiche zu sättigen beginnt. Interessant ist, dass trotz des einfachen Aufbaus des übergangslosen Resonators die Güte in der Vertikalen bei knapp 300000 liegt. Für ein derart einfaches Design ist dies ein überraschend hoher Wert, der die Überlegenheit der Hetero-Resonatoren gegenüber anderen Designvorschlägen deutlich macht.

An der Fundamentalmode in Abb. 2.8 Teil b) fällt auf, dass die Mode entlang des Wellenleiters ausgedehnter ist als quer zum Wellenleiter, also in Y-Richtung. Durch die geringe Ausdehnung der Mode senkrecht zum Wellenleiter im Ortsraum ist die Ausdehnung im reziproken Raum in k_y-Richtung relativ groß. Da diese Komponenten jedoch nur über die Ausdehnung in k_x-Richtung mit dem Lichtkegel überschneiden, reicht es, die k_x-Komponenten zu minimieren und folglich die Geometrie entlang des Wellenleiters zu optimieren. Die Optimierung des PhKs in Y-Richtung hat also keinen wesentlichen Einfluss auf die Güte und bleibt deswegen undiskutiert.

Durch die Optimierung des Heteroresonators werden die Fourierkomponenten innerhalb des Lichtkegels und damit auch seine Abstrahlung in der Vertikalen minimiert. Dies ist natürlich von Vorteil, um die Verluste zu minimieren und damit hohe Güten zu erreichen. Andererseits wird es dadurch schwierig, genügend vertikal abgestrahltes Licht in spektroskopischen Freistrahl-Experimenten aufzufangen (siehe Kapitel 6 für ein Beispiel eines Photolumineszenzaufbaus). Abb. 2.12 zeigt das Fernfeld [37] für einen HRR mit 5 a dickem Übergangsbereich. Die hellen Punkte bedeuten

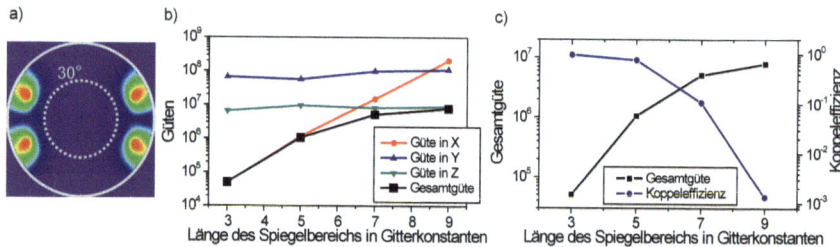

Abbildung 2.12: *a) Fernfeld eines HHR, die gepunktete Linie markiert Abstrahlung unter 30°. b) Güten in Abhängigkeit der Länge des Spiegelbereichs. c) Gesamtgüte und Koppeleffizienz in den Wellenleiter.*

Lichtemission unter einem Winkel von 75°. Innerhalb des eingezeichneten 30° Winkels liegt nur vernachlässigbare Emission, wobei zu beachten ist, dass dies einem guten Mikroskopobjektiv mit numerischer Apertur von 0,6 entspricht. Folglich ist es äußerst schwierig, spektroskopische Experimen-

2.4 Resonatoren

te unter vertikaler Abstrahlung mit diesem Resonator zu machen, was sich auch in der geringen Anzahl an Veröffentlichungen zu diesem Thema ausdrückt [38]. Andererseits lässt sich das Licht gut in der Ebene auskoppeln. Dabei ist von Vorteil, dass die Resonatormode aus einer Wellenleitermode stammt und dasselbe Modenprofil hat. Die Kopplung an den Wellenleiter lässt sich durch die Länge der Spiegel einstellen, also dem noch zur Diskussion verbliebenen dritten Parameter in der Übersicht. Abb. 2.12 Teil b) zeigt die verschiedenen Güten eines HHR mit einem $3\,a$ langen Übergangsbereich für eine Variation der Spiegellänge. Dabei zeigt sich, dass die Güten für Abstrahlung in den PhK (Güte in Y-Richtung) und in die Vertikale (Güte in Z-Richtung) weitgehend unabhängig von den Spiegeldicken sind. Dies ist verständlich, da sich zum einen das Modenprofil durch Verringern der Spiegellänge nicht ändert und deswegen die Einhüllende auch nicht von der idealen Gauß-Kurve abweicht, und zum anderen keine optischen Zustände im PhK existieren. Ein deutlich anderes Verhalten zeigt hingegen die Güte in Richtung des Wellenleiters (Güte in X-Richtung). Diese steigt in der logarithmischen Darstellung fast linear an, erreicht erst für Spiegel von 5 Gitterkonstanten eine Güte über einer Million und ist für bis zu 8 Gitterkonstanten lange Spiegel der limitierende Faktor für die Gesamtgüte. Damit wird deutlich, wie die Güte über eine Variation der Spiegellängen kontrolliert werden kann. Gleichzeitig wird damit der Anteil an Licht kontrolliert, der in den Wellenleiter ausgekoppelt wird. Für größere Spiegellängen sind Resonator und Wellenleiter zunehmend entkoppelt und die Verluste in die Vertikale und entlang des Wellenleiters konkurrieren. Abb. 2.12 Teil c) zeigt die Gesamtgüte desselben HRR und zusätzlich die Koppeleffizienz, definiert als Anteil der in den Wellenleiter gekoppelten Energie über der Gesamtverlustleistung. Dabei zeigt sich, dass ab einer Spiegeldicke von 6 Gitterkonstanten nur noch die Hälfte des Lichts in den Wellenleiter ausgekoppelt während die andere Hälfte hauptsächlich in die Vertikale abgestrahlt wird. Das Verhältnis verschlechtert sich entsprechend für noch dickere Spiegel. Eine Spiegeldicke von 5 Gitterkonstanten Länge scheint ein guter Kompromiss zwischen hoher Güte und einer zufriedenstellenden Koppeleffizienz von 80% zu sein.

Ein zweiter wichtiger Resonatortyp ist in Abb. 6.2 dargestellt. Dieser wird vor allem mit internen Lichtquellen verwendet, wenn deren Abstrahlung in die Vertikale gemessen werden soll. Er besteht aus 3 ausgelassenen Löchern in ΓK-Richtung. Die daran anschließenden Löcher sind jeweils leicht aus ihrer Position herausgerückt. Dies bewirkt, dass die im Resonator umlaufende Welle an der Berandung nicht vollkommen sondern nur teilweise reflektiert wird. An jedem der 3 äußeren Löcher wird ein Teil reflektiert und der anschließende PhK reflektiert den Rest, so dass sich ein sanfterer Einschluss der Lichtmode ergibt. Bei einigen Resonatoren wurden die ersten in beiden Richtungen anschließenden Löcher leicht verkleinert, um den Überlapp der Mode mit den geätzten Löchern zu verringern [39]. Für die höchsten Güten werden diese Löcher um 17,6% der Gitterkonstanten nach außen gerückt und die folgenden um 2,4% und um 17,6% [17]. Damit ergeben sich theoretische Güten von maximal 260000, die erheblich niedriger liegen als die theoretischen Güten der Hetero-Resonatoren. Dies wird auf einen schlechteren vertikalen Einschluss infolge der weniger vollkommenen Annäherung der Einhüllenden an eine Gauß-Kurve zurückgeführt [27]. Andererseits eignen sich diese Resonatoren dadurch besser für spektroskopische Experimente, weswegen sie in Kapitel 6 zum Einsatz kommen.

2.5 Wechselwirkung von spontaner Emission und Resonator

In optischen Punktresonatoren bilden sich diskrete Modenspektren aus. Wird nun ein optischer Emitter in den Resonator eingebracht, so kann dessen Übergangsfrequenz gerade auf einer Mode liegen oder in einem Bereich ohne Mode. Wenn sie nicht überlappen, dann stehen weniger optische Zustände zur Verfügung, in die die spontane Emission strahlen könnte, und folglich ist die spontane Emission reduziert. Der andere Fall kann bei spektraler Resonanz zwischen Mode und Übergangsfrequenz zu erhöhter spontaner Emission im Vergleich mit einem Emitter im freien Raum führen. Durch Verändern der spektralen Eigenschaften eines Resonators kann also die spontane Emission eines in ihm gefangenen Emitters

2.5 Wechselwirkung von spontaner Emission und Resonator

verändert werden. Dieser Effekt, nach seinem Entdecker Purcell-Effekt [40] genannt, soll im Folgenden näher erläutert werden.

Die Übergangsrate zwischen zwei Quantenzuständen kann durch Fermi's Goldene Regel beschrieben werden [41]:

$$W_{e \to g} = \frac{2\pi}{\hbar^2} |M|^2 g(\omega) \quad (2.24)$$

Dabei ist M das Matrixelement, das den Übergang beschreibt, und $g(\omega)$ die effektive Modendichte des optischen Feldes. Im freien Raum ist die Modendichte quadratisch in der Frequenz ω [42]

$$g_{frei}(\omega) = \frac{\omega^2 V n^3}{\pi^2 c^3} \quad (2.25)$$

wobei V ein Vergleichsvolumen ist, in diesem Fall das entsprechende Volumen des zu vergleichenden Resonators.

Durch Einbringen eines Resonators wird nun die Modendichte verändert. Betrachten wir das Spektrum eines Fabry-Perot-Resonators der Länge L. Sein Spektrum besteht aus einer Anzahl von lorentzförmigen Resonanzen, die um $\Delta\omega = \pi c/L$ voneinander getrennt sind, was schematisch in Abb. 2.13 für den eindimensionalen Fall gezeigt sind. Die Mode mit der niedrigsten Energie ist die Fundamentalmode und liegt bei ω_0. In Kapitel 4 wird näher auf das Spektrum und die Transferfunktion eingegangen.

Hier ist im Moment nur wesentlich, dass die Modendichte des Resonators g_{Res} teilweise über und teilweise unter der Modendichte des freien Raums

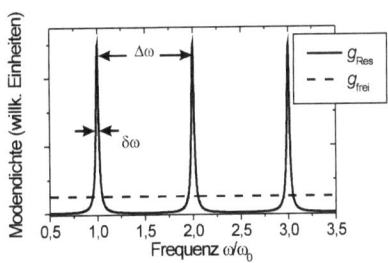

Abbildung 2.13: *Modendichte g_{Res} eines Fabry-Perot-Resonators und Modendichte g_{frei} im freien Raum für eine Dimension.*

g_{frei} liegt [41]. Die Modendichte des freien Raums ist durch eine gestrichelte Linie in Abb. 2.13 angedeutet. Für einen im Resonator befindlichen Emitter ergibt sich für eine Übergangsfrequenz von $1,5 \cdot \omega_0$ eine erniedrigte Übergangsrate und für eine Übergangsfrequenz von $2,0 \cdot \omega_0$ eine erhöhte. Man kann dann den Purcellfaktor F definieren, der die Erhöhung (oder Senkung) der spontanen Emissionsrate im Vergleich zum freien Raum angibt.

$$F = \frac{g_{Res}(\omega_0)}{g_{frei}(\omega_0)} \quad (2.26)$$

Im eindimensionalen Fall gilt folgender Zusammenhang, der als Erhaltung der Modendichte bezeichnet wird, exakt, für höhere Dimensionen gilt er näherungsweise [41]:

$$g_{Res}(\omega_0)\delta\omega = g_{frei}(\omega)\Delta\omega \quad (2.27)$$

Damit lässt sich der Purcellfaktor auf Resonanz zu

$$F = \frac{\Delta\omega}{\delta\omega} \quad (2.28)$$

umformen. Hier sieht man, welche Anforderungen zum Erreichen eines hohen Purcellfaktors gestellt werden müssen. So muss die Halbwertsbreite des Resonators $\delta\omega$ minimiert werden, während der Modenabstand $\Delta\omega$ maximiert werden muss. Dabei hängt die Halbwertsbreite nach Gleichung 2.21 invers von der Güte ab und der Modenabstand steigt für kleinere Ausdehnungen des Resonators. Damit wird physikalisch anschaulich, dass der Purcellfaktor vom Verhältnis Q/V abhängt.

Wenn die Moden des Resonators, wie für PhK-Resonatoren mit Modenvolumen in der Größenordnung von $(\lambda/n)^3$, sehr weit auseinanderliegen, dann genügt es, nur eine Mode zu betrachten. Die Modendichte ist dann eine normalisierte Lorentz-Funktion:

$$g_{Res}(\omega) = \frac{2}{\pi} \cdot \frac{\delta\omega}{4(\omega - \omega_0)^2 + \delta\omega^2} \quad (2.29)$$

Mit Gleichung 2.25 und Gleichung 2.29 ergibt sich daraus der Purcellfak-

2.5 Wechselwirkung von spontaner Emission und Resonator

tor für einen spektral und räumlich exakt resonanten Emitter. Dabei wurde noch ein Faktor für die zufällige Orientierung zwischen Emitter und Moden im freien Raum berücksichtigt [42]:

$$F = \frac{3Q(\lambda_0/n)^3}{4\pi^2 V} \qquad (2.30)$$

Da PhK-Resonatoren hohe Güten mit einem kleinen Volumen vereinen, ergeben sich für sie große Erhöhungen der spontanen Emissionsrate. So hat beispielsweise der in Abschnitt 2.4 eingeführte L3h bei Güten um 5000 einen maximalen Purcellfaktor von über 500.

Dies gilt allerdings nur für Emitter, die spektral resonant sind, die räumlich im Feldmaximum platziert sind und deren Orientierung dem elektrischen Feld entspricht. Im generellen Fall [43] gilt:

$$F_{Generell} = F \left(\frac{\mathbf{E(r)} \cdot \mathbf{d}}{|\mathbf{E}_{max}||\mathbf{d}|} \right)^2 \left(\frac{1}{1 + 4Q^2(\frac{\lambda}{\lambda_0} - 1)^2} \right) \qquad (2.31)$$

wobei $\mathbf{d}$ der Emitterdipol und $\mathbf{E}$ das Feld im Resonator ist. Der erste eingeklammerte Faktor beschreibt die räumlichen Abweichungen, sowohl in der Ausrichtung der Dipolrichtung zum Feld, als auch in der Fehlpositionierung relativ zum Kavitätszentrum. Da im Kavitätszentrum $\mathbf{E(r)}$ maximal wird, muss der Emitter möglichst dicht im Zentrum platziert sein. Insbesondere erkennt man, dass der Purcellfaktor mit dem Quadrat des elektrischen Feldes skaliert, was für eine Abschätzung der Reduktion des Purcellfaktors für verschiedene Abstände des Emitters vom Feldmaximum im Kavitätszentrum noch in Kapitel 6 benötigt wird. Der zweite eingeklammerte Faktor beschreibt die spektrale Verstimmung zwischen Emitter und Resonatormode.

Kapitel 3
Halbleiterresonatoren hoher Güte

Motivation

In Kapitel 2 wurden der theoretische Aufbau und die durch das Design maximal erreichbaren Güten von Hetero-Resonatoren behandelt. In diesem Kapitel folgt die Diskussion ihrer experimentellen Herstellung, wobei als Halbleiter Galliumarsenid verwendet wird. Durch Transmissionsmessungen mittels einer externen Lichtquelle werden sie charakterisiert und ihre Güten bestimmt. Diese zählen zu den höchsten auf dem verwendeten Materialsystem und werden in diesem Kapitel mit den theoretischen Güten verglichen. Photonische Kristall-Resonatoren besitzen den Vorteil, nach abgeschlossener Herstellung durch verschiedene Verfahren spektral abstimmbar zu sein. Zwei dazu verwendete Verfahren werden am Ende dieses Kapitels vorgestellt, da sie thematisch auf den Herstellungsverfahren oder den Halbleitereigenschaften aufbauen.

3.1 Epitaktischer Aufbau und Herstellung

Die PhKe dieser Arbeit wurden sämtlich aus Galliumarsenid (GaAs) gefertigt. Die epitaktische Struktur besteht aus zwei funktionellen Schichten, der Opferschicht und dem Schichtwellenleiter. Aufgewachsen werden diese Schichten in einer Molekularstrahlepitaxieanlage (MBE). Auf das n-dotierte GaAs-Substrat wird zuerst eine 300 nm dicken GaAs Pufferschicht aufgebracht. Auf diese folgt die Opferschicht, eine AlGaAs-Schicht, die einen hochprozentigen Aluminiumanteil aufweist und mindestens eine Vakuumwellenlänge dick ist, also je nach Anwendungsgebiet zwischen 1,0 und 1,5 μm. Die Opferschicht wird in einem späteren

Prozessschritt aufgelöst, wodurch sichergestellt wird, dass sich ober- und unterhalb des Schichtwellenleiters jeweils eine Luftschicht von Vakuumwellenlängenbreite befindet. Wie in Kapitel 2 diskutiert wird dadurch die Spiegelsymmetrie gewährleistet und TE- und TM-Polarisationen koppeln nicht und außerdem werden dadurch Koppelverluste der Mode in das Substrat minimiert. Der hochprozentige Aluminiumgehalt im Bereich zwischen 65% und 85% wird benötigt, um eine hohe chemische Ätzselektivität zu erreichen. Auf die Opferschicht folgt der Schichtwellenleiter, der aus reinem GaAs besteht und ungefähr eine halbe Materialwellenlänge dick ist, also zwischen 250 nm und 160 nm. Auf die epitaktisch hergestellte Struktur werden 100 nm SiO_2 als Ätzmaske aufgesputtert. Die Strukturierung der PhKe erfolgt durch Elektronenstrahlbelichtung in einer 100 kV Anlage von Eiko (e⁻-Beam) auf 500 nm Polymethylmethacrylat (PMMA) Elektronenlack. Die Struktur wird durch reaktives Ionenätzen (RIE) mit 14,2 sccm CHF_3 und 7,5 sccm Ar in die Ätzmaske und weiterhin durch Ionenätzen mittels Elektronenzyklotronresonanz (ECR) mit 3,5 sccm Chlor und 27 sccm Argon in den GaAs-Wellenleiter und in die AlGaAs-Opferschicht übertragen. Dabei wurde darauf geachtet, die PhK-Löcher bis mindestens 100 nm in die Opferschicht zu ätzen. Nach den Trockenätzschritten werden PMMA-Reste chemisch mit N-Methyl-2-Pyrrolidon aufgelöst, um das Entfernen der darunterliegenden SiO_2-Schicht im nächsten Arbeitsschritt zu erleichtern. In diesem wird mit 10%iger Flusssäure sowohl das SiO_2 als auch die Opferschicht entfernt. Das deutliche Überätzen der Löcher stellt dabei ein gleichmäßiges Angreifen der Säure sicher. Um hohe Güten zu erreichen, kommt der Qualität der Ätzflanken und hierbei besonders ihrer Steilheit besondere Bedeutung zu. Um die Flankenqualität zu verbessern, wurde jeder einzelne Schritt optimiert. Für eine Elektronendosis von 850 µC/cm^2 und eine Entwicklungsdauer von 2:30 min in Methylisobutylketon : Isopropanol (1:3) ergeben sich senkrechte Flanken im Elektronenlack. Das Ätzen der SiO_2-Maske wurde zeitoptimiert, um nur exakt die Tiefe der Ätzmaske zu erreichen und nicht durch längeres Ätzen die Lochform aufzuweiten (vgl. Teil a) in Abb. 3.1). Durch Optimieren des Verhältnisses von Chlor zu Argon im GaAs-Trocken-Ätzschritt wurde die Flankensteilheit und -qualität maximiert (vgl. Teil b) und d)

3.1 Epitaktischer Aufbau und Herstellung 35

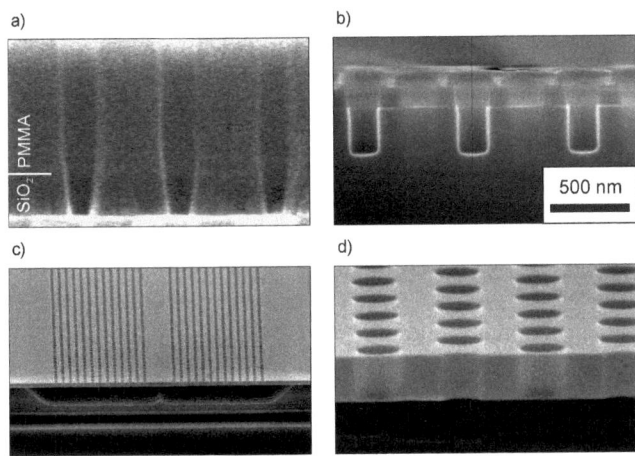

Abbildung 3.1: *Elektronenmikroskopaufnahmen verschiedener Prozessschritte. a) Nach Entwickeln des PMMAs und Ätzen der SiO_2-Maske. b) Nach dem Ätzen in der ECR. c) Unterätzen und Entfernen der Ätzmaske. d) Vergrößerung der Facette eines fertigen PhKs.*

in Abb. 3.1). Die Abweichung der Ätzflanken von der Vertikalen wird auf unter 3° abgeschätzt, wobei diese Abschätzung durch Abbildungsfehler im Elektronenmikroskop limitiert ist. Die Ätztiefe wurde so eingestellt, dass die Lochränder nicht angegriffen wurden, und trotzdem ungefähr 100 nm in die AlGaAs-Opferschicht geätzt wurde. Um SiO_2-Reste auf der Oberfläche zu vermeiden, wurden die Proben teilweise, insbesondere bei hohem Aluminiumgehalt in der Opferschicht, vor dem Flusssäureschritt in einer mit NH_4F gepufferten, niederprozentigen Flusssäurelösung geätzt, welches selektiv SiO_2 entfernt, kaum AlGaAs und nicht nachweisbar GaAs angreift. Bei hohen Aluminiumgehältern in der Opferschicht wird diese sehr schnell durch hochprozentige Flusssäurelösungen entfernt und der PhK wird möglicherweise so weit unterätzt, dass der Schichtwellenleiter sich durchbiegt und bricht, obwohl sich noch SiO_2-Reste auf der Probe befinden. Daher ist eine selektive Entfernung von SiO_2 wünschenswert. Die Stabilität der Proben begrenzt auch die Anzahl der Lochreihen, die den Wellenleiter oder die Kavität umgeben. Um ein Einbrechen des Schichtwellenleiters zu verhindern, wurden 10 bis 12 Lochreihen verwendet, wobei die tatsächliche Breite des unterätzten Bereichs je nach Al-Gehalt in der Opferschicht bis zu doppelt so groß sein kann. Die Proben für Transmissionsmessungen wurden aus Stabilitätsgründen vor dem Unterätzschritt gespalten, wodurch etwa 1 mm lange Wellenleiter entstanden. Die Wellenleiter sind also beidseitig durch einen Luft-Halbleiter-Übergang terminiert. Eine derartige Facette ist in Abb. 3.1 Teil c) gezeigt, in der man auch den unterätzten Bereich gut erkennt. Teil d) in Abb. 3.1 zeigt einzelne Löcher an der Facette unter hoher Vergrößerung. Es sind keine Rauigkeiten sowohl an der Oberfläche als auch an den Lochkanten zu bemerken, was für die hohe Qualität des Prozesses spricht.

3.2 Transmissionsmessung

Die Resonatoren ohne interne Lichtquellen wurden an einem Transmissionsmessplatz charakterisiert. Der Transmissionsmessplatz ist in Abb. 3.2 schematisch gezeigt und besteht aus mehreren Komponenten. Als Lichtquelle fand ein spektral durchstimmbarer Halbleiterlaser (1456 nm - 1584 nm) von Agilent Verwendung, dessen TE-polarisiertes Licht über einen Faserpolarisator und eine Faserlinse in den Wellenleiter eingekoppelt wurde. Durch die Führung der Glasfaser kommt es notwendigerweise zu Verdrillungen und Kurven in deren Verlauf. Durch diese wiederum kann es zu Polarisationskonversion kommen, die durch den Faserpolarisator kompensiert werden kann, so dass hinter der Faserlinse TE-polarisiertes Licht zur Verfügung steht. Die Faserlinse war auf einen piezoelektrischen Verfahrtisch montiert, der mit den Piezos in allen drei Raumrichtungen um 100 µm verstellt werden konnte und so die Kopplung von Faserlinse zu Schichtwellenleiter vereinfachte. Die hintere Probenfacette wurde durch ein Mikroskopobjektiv (Numerische Apertur 0,17) und über eine zweite Linse auf eine Hamamatsu Infrarotkamera und eine InGaAs-Diode abgebildet. In der Bildebene des Objektives konnte bei Bedarf eine Blende eingebaut werden, um mögliche Strahlengänge außerhalb der Rückfacette des Wellenleiters abzuschneiden. Ein zusätzlicher Linearpolarisator

3.2 Transmissionsmessung

an selber Stelle diente der weiteren Unterdrückung von TM-polarisiertem Licht. Das eigentliche Messsignal wurde durch die InGaAs-Diode bereitgestellt. Diese war über einen Lock-In-Verstärker, der der Erhöhung des Signal-Rausch-Verhältnisses diente, an einen Messcomputer angeschlossen.

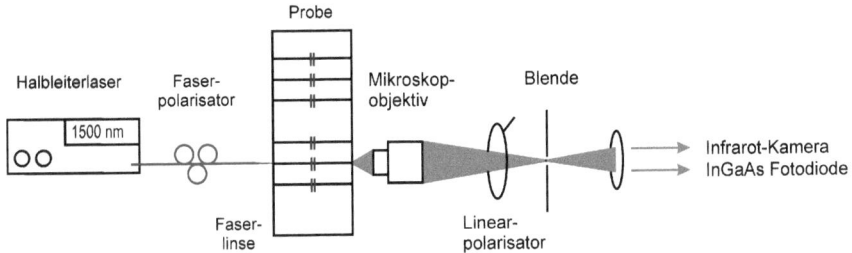

Abbildung 3.2: *Schematische Darstellung des Transmissionsmessplatzes.*

Abbildung 3.3 zeigt Transmissionsmessungen an verschiedenen PhK-Wellenleitern. Dabei ist jeweils in der oberen Zeile die Geometrie der untersuchten Wellenleiter gezeigt, während die zugehörigen Transmissionsspektren in der unteren Reihe abgebildet sind. Links ist die Messung an einem einfachen W1-Wellenleiter angedeutet und darunter das Ergebnis der Transmissionsmessung gezeigt. Man erkennt einen Bereich hoher Transmission, der um 1530 nm endet. In diesem spektralen Bereich liegt die Wellenleitermode, die auf der niederenergetischen Seite von der Bandlücke begrenzt wird. Fügt man an diesen Wellenleiter einen Wellenleiter mit kleinerer Gitterkonstante, dann verschiebt sich in diesem die Wellenleitermode zu niedrigeren Wellenlängen. Dies ist in Teil b) von Abb. 3.3 gezeigt, wobei das niederenergetische Ende der unverschobenen Wellenleitermode markiert wurde. Der Bereich, um den die Wellenleitermode verschoben wurde, ist die in Kapitel 2.4 eingeführte Modenlücke. Aus diesen beiden Grundkomponenten kann wie in Teil c) von Abb. 3.3 gezeigt der Resonator aufgebaut werden. Das zwischen den schattierten Bereichen mit niedriger Gitterkonstante eingeschlossene Licht kann sich aufgrund der Modenlücke nicht in den Wellenleiter ausbreiten, ist also auf den Kavitätsbereich be-

38   3 Halbleiterresonatoren hoher Güte

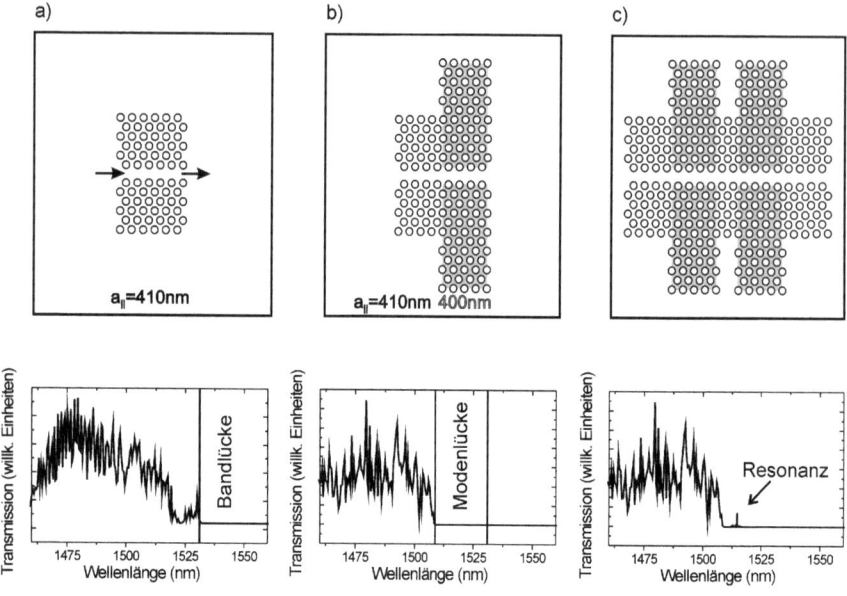

Abbildung 3.3: *a) Schematische Darstellung eines W1 und seines Transmissionsspektrums. b) Zusammengesetzter W1 aus zwei Bereichen mit unterschiedlicher Gitterkonstante. Im Transmissionsspektrum bildet sich eine Modenlücke aus. c) HGK, im Transmissionsspektrum ist die Resonanz im Bereich der Modenlücke zu erkennen.*

schränkt. Es bildet sich eine Resonanz aus, die um 1514 nm beobachtet werden kann. Der in der Abbildung gezeigte Bereich des PhKs ist zusammen mit dem anschließenden W1 fast 200 µm breit. Um die Transmission zu erhöhen wurde der W1 außerhalb dieses Bereichs auf einen W3 oder W5 aufgeweitet. Insgesamt ist die Probe von Facette zu Facette 800 µm bis 1000 µm lang.

Die Messung eines HGK ist in Abb. 3.4 in hoher Auflösung gezeigt. Die durch eine Lorentzanpassung bestimmte Halbwertsbreite beträgt 0,007 nm, die Güte also 220000. Die Güte gehört zu den höchsten auf GaAs gemessenen Güten [44]. Der Resonator wurde mit Gitterkonstanten von 400

3.2 Transmissionsmessung

nm und 410 nm mit einem Luftfüllfaktor von 17,5% und bei einer Dicke des Schichtwellenleiters von 220 nm hergestellt.

Über die Breite der Spiegelbereiche lässt sich die effektive Reflektivität einstellen und damit auch die erreichbaren Güten. Es hat sich experimentell gezeigt, dass Resonatoren mit Spiegelbereichslängen unter 5 Gitterkonstanten nur Güten unterhalb von 10000 erreichten. Diese sind schwierig von Fabry-Perot-Moden, die durch Reflexion am Halbleiter-Luft-Übergang an den Facetten entstehen und ähnliche Güten haben können, zu unterscheiden. Andererseits wurde keine Verbesserung der Güten oberhalb von 10 Gitterperioden beobachtet. Der in Abb. 3.4 gezeigte Resonator hatte 7 Spiegelpaare. Die hohe Güte zeigt den Reifegrad des Herstellungsprozesses sowohl in der Epitaxie als auch der Strukturierung.

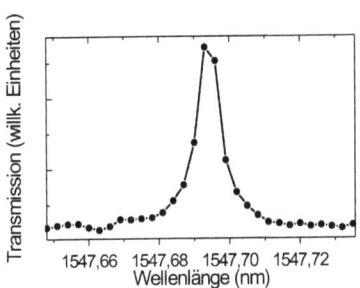

Abbildung 3.4: *Transmissionsmessung eines Resonators in hoher Auflösung. Die Güte beträgt 220000.*

Die erreichten hohen Güten liegen unter den in Kapitel 2 diskutierten theoretischen Güten. Um diese Diskrepanz zu beleuchten, kann die Güte nach Abschnitt 2.4 aufgeteilt werden in einen Anteil, der aus dem theoretischen Design entsteht und einen der aus den fabrikationsbedingten Abweichungen von diesem Design, resuliert:

$$\frac{1}{Q_{exp}} = \frac{1}{Q_{design}} + \frac{1}{Q_{Abweichungen}} \qquad (3.1)$$

Die Abweichungen bestehen dabei beispielsweise aus Oberflächenrauigkeit, Lochgrößenvariation und Variation der Lochposition. Man kann verschiedene Verlustmechanismen unterscheiden. Beispielsweise ist die

Streuung von TE-polarisiertem Licht in der Ebene durch die robuste Bandlücke vernachlässigbar, andererseits kann durch schräge Lochflanken oder Rauigkeiten an Ätzlöchern die vertikale Spiegelsymmetrie gebrochen werden, was es ermöglicht TE- und TM-Moden zu koppeln. Für TM-Moden besteht allerdings keine Bandlücke und diese können in der Ebene des Schichtwellenleiters entweichen. TE-Moden wiederum können durch Rauigkeiten vertikal aus dem Schichtwellenleiter in nicht geführte Moden gestreut werden. Ein letzter Verlustkanal ist die Absorption des Lichts, entweder materialspezifisch oder durch Wasserablagerung auf dem PhK. Die materialspezifische Absorption steigt für niedrigere Wellenlängen und ist mit ein Grund für die niedrigeren Güten im Wellenlängenbereich um 1 µm [45]. Als Abschätzung für realistische Werte der Verlustkanäle ergibt sich dabei, dass die Variation der Lochradien und der Winkel der geätzten Löcher den größten Einfluss für die Streuverluste haben [46]. Bei einer Standardabweichung von nur 1 nm wird die Güte durch die Variation der Lochradien auf 3 Millionen beschränkt, ebenso durch eine Neigung der Lochflanken von 3°. Für eine Oberflächenrauigkeit der Lochflanken von 2 nm beschränkt sich die Güte auf 5,5 Millionen. Ähnliche Güten werden bei Berücksichtigung der Absorption erreicht. Dabei genügt schon die Ablagerung von 2 Monolagen Wasser auf der Oberfläche um die Güte auf 4 Millionen zu drücken. Dies wiederum zeigt, dass ab einer gewissen Güte Messungen im Vakuum vorgenommen werden müssen. Die aufgezählten Güten scheinen immer noch recht hoch zu sein, im Vergleich mit den gemessenen. Zählt man allerdings nur die 4 oben erwähnten Verlustkanäle zusammen, werden die Güten auf Werte im experimentell erreichten 10^5er Bereich beschränkt. Die Hinzunahme von weiteren kleineren Verlustmechanismen senkt das Ergebnis weiter. Die Abschätzung spiegelt also gut die erreichten Werte wieder und als Ergebnis ist festzuhalten, dass eine weitere Erhöhung der Güten nur durch eine weitere Reduzierung der Abweichungen vom perfekten Resonator erreicht werden kann und nicht durch verbesserte Resonatordesigns.

3.3 Abstimmen der Resonanzwellenlänge

Ein besonderer Vorzug von PhK-Resonatoren gegenüber anderen optischen Resonatoren ist es, dass die Resonanz nach abgeschlossener Prozessierung noch mittels verschiedener Methoden einfach abstimmbar ist. Dies kann durch kontrollierte Materialentfernung, durch Materialzugabe, beispielsweise der Ablagerung von Xenon [47, 48], oder durch Materialumwandlung, beispielsweise durch Oxidation [49], geschehen. Zusätzlich ist der Brechungsindex temperaturabhängig und auch dies kann zur Feineinstellung der Resonanzfrequenz verwendet werden [50]. Im folgenden Abschnitt wird auf die Oxidation, die Entfernung des Oxids und die Temperaturabhängigkeit eingegangen.

Durch Kontakt von GaAs mit Sauerstoff bildet sich an der Oberfläche ein Oxid. Oxide haben typischerweise niedrigere Brechungsindizes als Halbleiter, daher verändert sich die Resonanzwellenlänge eines Resonators an Luft. Die Bildung des Oxids wurde in [51] an Volumenmaterial untersucht und es wurde ein logarithmischer Zusammenhang zwischen Oxiddicke d in Ångström und der Oxidationszeit t in Minuten festgestellt:

$$d = 6 + 6 \cdot \log_{10}[t] \qquad (3.2)$$

Dieser Zusammenhang wurde an einem PhK-Resonator überprüft, indem die Resonanzwellenlänge über mehrere Stunden aufgezeichnet wurde. Da das Oxid einen niedrigeren Brechungsindex als das Wellenleitermaterial GaAs hat, verkleinert sich der effektive Brechungsindex und die Resonanz verschiebt sich zu kleineren Wellenlängen. Für kleine Schichtdicken erwartet man einen linearen Zusammenhang zwischen Oxiddicke und Resonanzwellenlänge und folglich auch einen logarithmischen Zusammenhang zwischen Resonanzwellenlänge und Zeit. Die Messdaten sind in Abb. 3.5 gezeigt und werden durch eine logarithmische Anpassungskurve verbunden. Nach 12 Stunden schiebt die Resonanzwellenlänge nur noch mit 10 pm/h.

Qualitativ wurde bei der Messung von Resonatoren festgestellt, dass sich die Resonanzwellenlängen in den ersten Tagen nach Herstellung noch

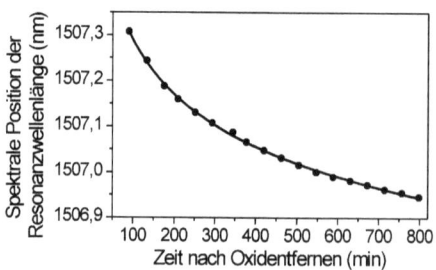

Abbildung 3.5: *Veränderung der Resonanzwellenlänge durch Oxidbildung.*

veränderten, danach allerdings über Monate konstant blieben. Eine Änderung des effektiven Brechungsindexes wie diskutiert könnte hierfür eine Erklärung sein.

Das GaAs-Oxid kann chemisch durch Salzsäure entfernt werden. Dabei wird reines GaAs von der Säure nicht angegriffen. Der Prozess terminiert folglich wenn das Oxid vollständig aufgelöst ist. Dies kann zum kontrollierten Abtrag des Schichtwellenleiters und Aufweiten der Löcher und damit zum permanenten Verschieben der Resonanz genutzt werden. Das Verfahren ist nach vollständiger Fertigstellung des Resonators anwendbar und ermöglicht so die nachträgliche Anpassung des Resonators auf eine Zielwellenlänge. Aufgrund des Materialabtrags ist der Prozess allerdings irreversibel und die Verschiebung ist nur in Richtung kleinerer Wellenlängen möglich. Dazu wird in zwei Schritten zuerst das GaAs an der Oberfläche oxidiert und danach das Oxid entfernt. Dieses Verfahren ist als digitales Ätzen [52] bekannt, da die beiden Ätzchemikalien nicht gemischt werden und es dadurch bei der Bestimmung der Ätzrate nicht auf die Ätzdauer sondern auf die Zahl der Ätzzyklen ankommt. Dieses Verfahren erlaubt es, die Ätzrate sehr genau einzustellen.

Die Oxidation kann chemisch durch Wasserstoffperoxid oder durch Sauerstoff geschehen. Bei Oxidation in 31%iger Wasserstoffperoxidlösung für 60 s und eine darauf folgende Entfernung des Oxids in 18%iger Salzsäure durch ein 60 s andauerndes Säurebad verschob die Resonanz um 12,5 nm. Experimentell wurde überprüft, dass die Länge des Säurebades ausreicht,

3.3 Abstimmen der Resonanzwellenlänge

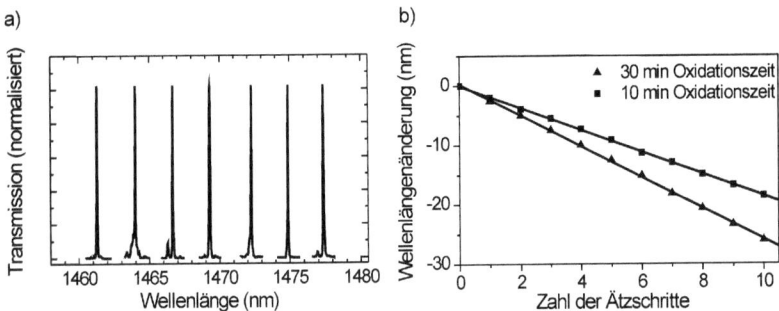

Abbildung 3.6: *a) Transmissionsmessung an demselben Resonator jeweils nach 30 min Oxidationsdauer und anschließendem selektiven Entfernen des Oxids durch Salzsäure. Die benachbarten Resonanzen sind jeweils durch einen Ätzschritt getrennt. b) Die Änderung der Resonanzwellenlänge für 30 (bzw. 10) min Oxidationsdauer.*

um das Oxid vollständig zu entfernen, so dass keine weitere Resonanzverschiebung bei längerer Einwirkzeit auftrat. Wenn man das Verfahren zur spektralen Feineinstellung verwenden möchte, ist diese Verschiebung allerdings zu groß. Kleinere Verschiebungen lassen sich erreichen, wenn das Oxid nur durch Kontakt zu Sauerstoff gebildet wird. In einem solchen Experiment wurden Resonatoren 30 min bzw. 10 min an Luft oxidiert, das Oxid entfernt und die Resonanzwellenlänge gemessen. Dieser Vorgang wurde mehrfach wiederholt und die Ergebnisse der Transmissionsmessungen sind in Abb. 3.6 zu sehen. Teil a) dieser Abbildung zeigt dieselbe Resonanz jeweils nach einer unterschiedlichen Anzahl von Ätzschritten für die längere Oxidationsdauer. Nach Gleichung 3.2 oxidiert in 30 min eine 14,7 Å dicke Schicht. Anhand von Elektronenmikroskopaufnahmen wurde eine mittlere Schichtabnahme von 13,2 Å gemessen, was gut mit dem theoretischen Wert übereinstimmt. Teil b) von Abb. 3.6 zeigt die spektrale Verschiebung für jeweils 10 Zyklen. Die mittlere Resonanzverschiebung ist 2,6 bzw. 1,9 nm pro Ätzzyklus für 30 min bzw. 10 min Oxidationszeit. Die Entwicklung der Resonanz folgt sehr gut einem linearen Verlauf und ist damit deterministisch anwendbar. Die Güte der untersuchten Resonatoren blieb in den meisten Fällen konstant, während sie in einigen Fällen leicht zunahm. Die Verbesserung der Resonanz liegt vermutlich an der

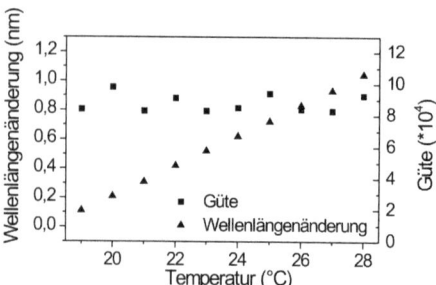

Abbildung 3.7: *Änderung der Resonanzwellenlänge für steigende Materialtemperaturen.*

Glättung von kleinen Rauigkeiten an der Probenoberfläche. Die Änderung der Schichtwellenleiterdicke und des Luftfüllfaktors ist jedoch klein genug, um die photonische Bandstruktur vernachlässigbar zu beeinflussen und beispielsweise eine Annäherung der Resonatormode an die Spiegelmode, woraus eine Verringerung des Modeneinschlusses resultieren würde, auszuschließen.

Eine feinere Methode die Resonanzwellenlänge einzustellen, bietet die Variation der Temperatur. Dabei ist wie in Abb. 3.7 zu erkennen für realistische Temperaturänderungen nur ein geringer Abstimmbereich erreichbar. Da der Brechungsindex von GaAs mit der Temperatur wächst [53], steigt auch die Resonanzwellenlänge mit der Temperatur. Die Änderung wurde bei Raumtemperatur am Transmissionsmessplatz gemessen. Dabei wurde der Auflageblock und damit auch die Probe selbst geheizt und die Temperatur festgehalten. Es ergaben sich die in Abb. 3.7 dargestellten Wellenlängen und damit eine Änderung von 0,103 nm/ K bei Raumtemperatur. Durch die geringen Wellenlängenänderung blieb die Güte bis auf messtechnische Schwankungen konstant.

Kapitel 4
Dispersion in Resonatoren

Motivation

In Kapitel 2 wurde gezeigt, dass Photonen in optischen Resonatoren eine definierte Lebensdauer haben, die nur von der Güte und der Frequenz abhängt. Spektral nicht resonante Photonen verweilen nicht in der Kavität und folglich ergeben sich für unterschiedliche Frequenzen unterschiedliche Laufzeiten, also eine durch den Resonator hervorgerufene chromatische Dispersion. Die dispersiven Eigenschaften von Photonischen Kristall-Resonatoren werden in diesem Kapitel untersucht. Dabei wird zuerst ein Aufbau zur Messung der Dispersion vorgestellt. Zusätzlich werden die dispersiven Eigenschaften in einem Fabry-Perot-Modell analytisch hergeleitet und die Messergebnisse durch eine Hilbert-Transformation der Transmissionsmessergebnisse überprüft.

4.1 Dispersionsmessungen

Die Großzahl der Messungen an PhKen beschränkt sich auf die Bestimmung der Transmissionseigenschaften wie beispielsweise zur Bestimmung des Verlustes in Wellenleitern oder zur Optimierung der Güte von PhK-Resonatoren. Trotzdem zeigen PhKe auch in ihren dispersiven Eigenschaften interessante Phänomene, zum Beispiel sehr kleine Gruppengeschwindigkeiten [54] oder die Verwendbarkeit als Superprismen [55]. Die Messung der dispersiven Eigenschaften von PhKen ist aufwändiger als die reine Transmissionsmessung. Allerdings wurden mehrere Methoden zu ihrer Bestimmung entwickelt. In der Literatur finden sich unterschiedliche Umsetzungen wie zeitaufgelöste Messungen [34], bei denen direkt die Laufzeit kurzer Pulse gemessen wird, als auch phasensensitive Messungen

[56], bei denen das Bauelement in ein Mach-Zehnder-Interferometer [57] eingebracht wird oder die Abstände von Fabry-Perot-Resonanzen verwendet werden [58], die durch Reflexion an Vorder- und Rückfacette entstehen. Eine weitere Möglichkeit, die Gruppenlaufzeit zu messen, ist die Bestimmung der Phasenverschiebung einer aufmodulierten Welle, die sogenannte Phasenschiebermethode (engl. Phase Shift Technique) [59, 60, 61]. Dabei wird auf das optische Signal eine Frequenz f_{mod}, typischerweise im Gigahertzbereich, aufmoduliert. Dies führt zur Bildung von Seitenbanden im Abstand f_{mod} von der Trägerwelle. Durch die Dispersion des Bauelementes erfahren die Seitenbänder eine Phasenverschiebung gegenüber dem Referenzsignal. Die Gruppenlaufzeit τ_G ergibt sich dann [59, 62] durch

$$\tau_G = -\frac{\phi(\lambda)}{360° \cdot f_{mod}} \tag{4.1}$$

Die Dispersion d kann daraus als Ableitung nach der Wellenlänge

$$d = \frac{d\tau_G}{d\lambda} \tag{4.2}$$

ermittelt werden [11]. Die Dispersion wird für optische Fasern oft als Dispersionskoeffizient D angegeben

$$D = \frac{d\tau_G}{d\lambda}\frac{1}{L} \tag{4.3}$$

mit der Länge L der Faser.

Der für die Phasenschiebermethode verwendete Aufbau wurde im Zuge dieser Arbeit erstmalig in Betrieb genommen und ist schematisch in Abb. 4.1 gezeigt. Es handelt sich um eine Erweiterung des Transmissionsmessplatzes und daher wurde derselbe durchstimmbare Halbleiterlaser (1456 nm - 1584 nm) als Lichtquelle verwendet. Sein TE-polarisiertes Licht wurde durch eine polarisationserhaltende Faser in ein Mach-Zehnder-Interferometer geführt, welches dem Lasersignal eine Frequenz im Gigahertzbereich aufmodulierte. Das Licht wurde über zwei Faserlinsen in die Probe ein- und ausgekoppelt und eventuell weiterhin vorhandene TM-Polarisation wurde durch einen Linearpolarisator herausgefiltert. Das Signal wurde mit einer InGaAs-Diode in einem Netzwerkanalysator, der auch

4.1 Dispersionsmessungen

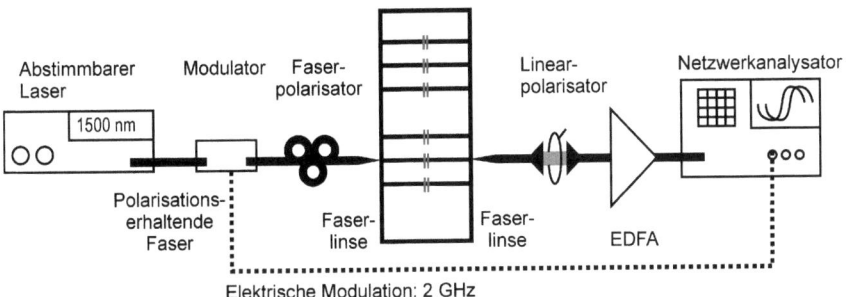

Abbildung 4.1: *Aufbau zur Bestimmung der Gruppenlaufzeit mittels der Phasenschiebermethode.*

das Modulationsignal erzeugte, ausgelesen. Um die diversen Koppelverluste auszugleichen, wurde das Signal vor der Detektion in einer Erbium dotierten Glasfaser (EDFA) verstärkt. Dabei ist zu beachten, dass der optische Resonator nur mit sehr kleinen Leistungen im Bereich 10 µW betrieben werden darf, um nichtlineare Effekte zu vermeiden, weswegen das Signal auch erst nach Durchlaufen des Resonators verstärkt werden kann. Aus der gemessenen Phasenverschiebung lässt sich mit Gleichung 4.1 die Gruppenlaufzeit bestimmen. Ein Vorteil der Phasenschiebermethode ist, dass gleichzeitig Phase und Transmission gemessen werden, wodurch die Güte und die Gruppenlaufzeit gemeinsam bestimmt werden können.

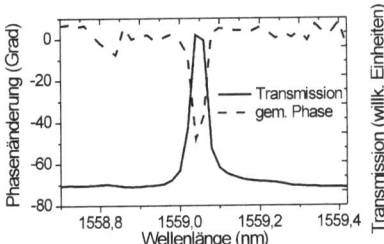

Abbildung 4.2: *Gleichzeitige Messung der Transmission und der Phase des modulierten Signals.*

Abb. 4.2 zeigt eine derartige Messung. Das Transmissionssignal ist durch eine schwarze Linie dargestellt und zeigt eine Resonanz mit einer Güte von

48000. Das simultan gemessene Phasensignal (gestrichelte Linie) hat an der spektralen Position der Resonanz eine Senke von 51°. Damit ergibt sich eine relative Gruppenlaufzeit auf Resonanz von 71 ps. Als Referenzphase wurde die Phasenlage spektral neben der Resonanz verwendet. Durch den geringen spektralen Abstand von weniger als 1 nm zwischen Referenzphase und zu messender Phase auf Resonanz ist gewährleistet, dass die Dispersion des Wellenleiters vernachlässigt werden kann und das Verfahren zulässig ist. Allerdings ist die Transmission für den nicht resonanten Fall sehr gering, was zu einer Messungenauigkeit der Phase führt. In Abb. 4.2 ist dies an den Schwankungen der gestrichelten schwarzen Linie zu erkennen. Um dem Rechnung zu tragen, wurde nicht ein einzelner Wert aus dem nicht resonanten Bereich herausgegriffen, sondern die Bereiche spektral über und unter der Resonanz gemittelt und die Standardabweichung als Fehlergröße angenommen.

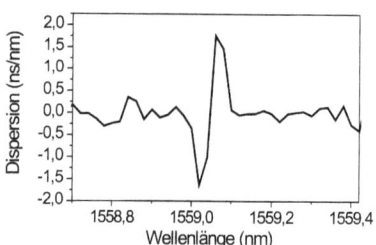

Abbildung 4.3: *Dispersion des Resonators aus Abb. 4.2.*

Nach Gleichung 4.2 ergibt sich aus der Gruppenlaufzeit die chromatische Dispersion des Resonators. Diese ist in Abb. 4.3 dargestellt. Als minimaler (maximaler) Wert für die Dispersion ergibt sich -1,6 ns/ nm (1,8 ns/ nm). Eine typische monomodige Faser hat einen Dispersionskoeffizienten von 17 ps/ (nm · km) [63] und daher könnte der Resonator die Dispersion einer rund 100 km langen optischen Faser kompensieren. Die höchste gemessene Gruppenlaufzeit war 132 ps für einen Resonator mit einer Güte von 82000. Damit ergibt sich eine Dispersion von 2,9 ns/ nm. Man kann die hohen Gruppenlaufzeiten durch die effektive Lichtgeschwindigkeit veranschaulichen. Der oben genannte Resonator hatte 12 a breite Spiegel und war, wenn man diese komplett dazu zählt, 10,4 µm lang. Damit ergibt sich eine effektive Lichtgeschwindigkeit von 7,9·10⁴ m/s oder anschaulicher c/3800. Ähnliche Messungen an PhK-Resonatoren in [61] ergaben eine maximale Laufzeitverzögerung von 22 ps für eine Güte von 12 000. Allerdings handelte es sich bei dem verwendeten Resonatortyp um einen 420 µm langen W3-Wellenleiter, bei dem mehrere Reihen PhK den Wellenleiter an beiden Seiten unterbrachen, so dass ein Fabry-Perot-Resonator entstand. Durch die im Vergleich zu den Resonatoren dieser Arbeit große Ausdehnung des Resonators verteilt sich die Lichtmode auf einen größeren Bereich. Dabei steigt die effektive Lichtgeschwindigkeit zum Einen durch die 6-fach geringere Laufzeitverzögerung und zum Anderen durch die größere Resonatorstrecke auf c/15 an, also den 250-fachen Wert.

4.2 Fabry-Perot-Modell

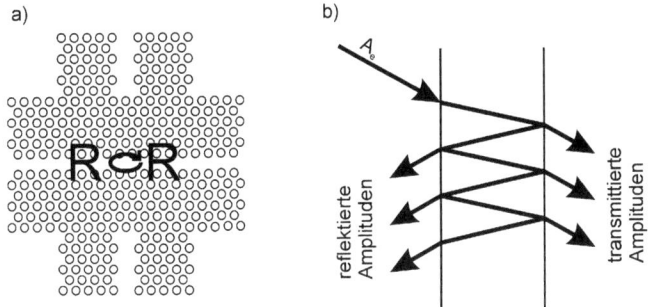

Abbildung 4.4: *a) Schematischer Aufbau eines HGK. b) Teilstrahlen zum Berechnen der Amplitudentransferfunktion.*

Als Modelsystem für optische Resonatoren wird oft der Fabry-Perot-Resonator verwendet [64]. Er besteht aus zwei einander zugewandten Spiegeln in einer Entfernung L und kann im einfachsten Fall durch eine transparente Platte in einem Medium mit anderem Brechungsindex realisiert werden. Für einen Heteroresonator wie in Abb. 4.4 mit zwei Spiegelbereichen, durch die das Licht ein- und austritt, ist die Ähnlichkeit offensichtlich. Im Rahmen dieses Modells ist es möglich die Gruppenlaufzeit für einen Heteroresonator analytisch zu bestimmen. Durch Summation aller reflektierten und transmittierten Teilwellen (vgl. Teil b) in Abb. 4.4) erhält man die Amplitudentransferfunktion [65, 11]:

$$H(f) = \frac{A_t}{A_e} = \frac{Te^{-i\psi/2}}{1 - Re^{-i\psi}} \qquad (4.4)$$

In dieser Gleichung sind T und R der Anteil der transmittierten bzw. reflektierten Intensität an jedem Übergang, A die Amplituden, wobei die Indizes t für transmittiert und e für eingestrahlt stehen. Die Phase ψ ist der Phasenunterschied zwischen zwei transmittierten Teilwellen mit Wellenlänge λ nach Durchlaufen eines Resonators der Länge L aus einem Material mit Brechungsindex n bei senkrechtem Einfall:

$$\psi = \frac{4\pi n L}{\lambda} \qquad (4.5)$$

Die Intensitätstransferfunktion erhält man durch Bilden des komplexen Betragsquadrats HH^*:

$$\frac{I_t}{I_e} = \frac{A_t A_t^*}{A_e A_e^*} = \frac{(1-R)^2}{(1-R)^2 + 4R\sin^2[\psi/2]} \qquad (4.6)$$

Das Verhältnis transmittierter Intensität zu eingestrahlter Intensität wird gerade dann eins, wenn $\psi = 2m\pi$ gilt mit einer ganzen Zahl m. Daraus ergibt sich mit Gleichung 4.5 der freie Spektralbereich Δf, also der Abstand zwischen zwei Resonanzen:

$$\Delta f = \frac{c}{2nL} \qquad (4.7)$$

In dieser Gleichung sind c die Lichtgeschwindigkeit und n der Brechungsindex.

Eine typische Transmissionskurve für einen absorptionsfreien, makroskopischen Fabry-Perot-Resonator bei verschiedenen Reflektivitäten ist in Abb. 4.5 dargestellt. Eingezeichnet sind mehrere Resonanzen mit Halbwertsbreite δf und freiem Spektralbereich Δf. Die Halbwertsbreite einer Resonanz bestimmt sich aus Gleichung 4.6 zu

$$\delta f = \frac{c}{2\pi n L} \cdot \frac{1-R}{\sqrt{R}} \qquad (4.8)$$

4.2 Fabry-Perot-Modell

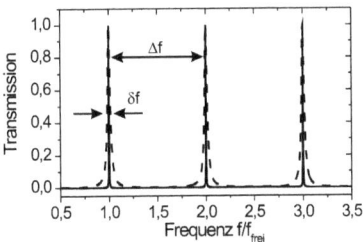

Abbildung 4.5: *Idealisierte spektrale Darstellung eines verlustfreien Fabry-Perot-Resonators für zwei verschiedene Güten.*

Damit kann die Güte Q in Abhängigkeit von den Spiegelreflektivitäten gebracht werden:

$$Q = \frac{f_{Res}}{\delta f} = \frac{f_{Res}}{\Delta f} \frac{\pi \sqrt{R}}{(1-R)} \quad (4.9)$$

Die Gruppenlaufzeit ist definiert als Ableitung der komplexen Phase ϕ der Amplitudentransferfunktion nach der Frequenz. Diese Phase ist nicht zu verwechseln mit ψ, das nur die angesammelte Phase nach einem Durchgang im Resonator angibt. In der resultierenden Gleichung wurden Gleichungen 4.5 und 4.7 schon eingesetzt:

$$\phi = \arctan\left[\frac{(1+R)\tan[\pi f/\Delta f]}{-1+R}\right] \quad (4.10)$$

$$\tau_g = -\frac{d\phi}{df} = \frac{1-R^2}{2\Delta f(1+R^2 - 2R\cos[2\pi f/\Delta f])} \quad (4.11)$$

In der Umgebung der Resonanz und für hohe Spiegelreflektivitäten kann dies mit 4.9 genähert werden zu

$$\tau_g = \frac{Q}{f_{res} \cdot \pi} = \frac{2Q}{\omega_{res}} \quad (4.12)$$

Somit hängt die Gruppenlaufzeit eines Fabry-Perot-Resonators für eine feste Wellenlänge nur von seiner Güte ab und nicht von seiner physikalischen Ausdehnung. Abb. 4.6 zeigt die gemessene Gruppenlaufzeit in Abhängigkeit von der Güte. Dabei wurde die Güte über die Dicke der Spie-

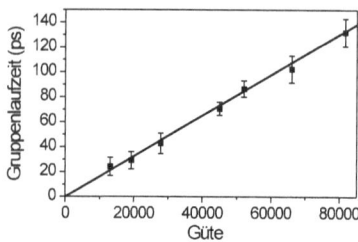

Abbildung 4.6: *Gruppenlaufzeit für verschiedene Güten unterschiedlicher Resonatoren. Die Gerade entspricht Gleichung 4.12.*

gel wie in Kapitel 2 beschrieben variiert. Zusätzlich stellt die Gerade die erwarteten Werte aus dem Modell nach Gleichung 4.12 dar. Um den linearen Zusammenhang zu betonen, wurde eine gemittelte Frequenz von 1530 nm verwendet. Tatsächlich streuen die gemessenen Resonanzen fabrikationsbedingt zwischen 1517 nm und 1560 nm, was zu einer maximalen, in der Abbildung kaum erkennbaren Abweichung von 2% führen würde. Die eingezeichneten Fehlerbalken sind Abschätzungen der Messungenauigkeit durch die niedrige Signalintensität im nicht resonanten Fall. Es zeigt sich, dass die Gruppenlaufzeit aus dem analytischen Fabry-Perot-Modell sehr gut mit den gemessenen Werten übereinstimmt.

4.3 Hilbert-Transformation

Die Hilbert-Transformation bietet eine weitere Möglichkeit die Dispersion eines Resonators zu bestimmen. Dabei wird ausgenutzt, dass der Real- und der Imaginärteil eines analytischen Signals über die Hilbert--Transformation verbunden sind [65]. Die bekannten Kramers-Kronig-Relationen beispielsweise, die es in der Optik ermöglichen aus dem spektralen Verlauf des Brechungsindexes die Absorption zu bestimmen, sind ein Spezialfall der Hilbert-Transformation [66]. Die Hilbert-Transformation ist für optische Filter, die der „minimalen Phasen"-Bedingung [62] unterliegen, erlaubt. Fabry-Perot-Filter gehorchen dieser Bedingung [65] und die Äquivalenz zwischen Fabry-Perot-Filter und den verwendeten PhK-

4.3 Hilbert-Transformation

Resonatoren legt nahe, dass auch für diese die Hilbert-Transformation anwendbar ist. Um die Hilbert-Transformation anwenden zu können, müssen zuerst zwei kleinere Umformungen getätigt werden. Die Transferfunktion $H(f)$ kann als Multiplikation einer nur von der Phase abhängigen Funktion und einer nur von der Transmission abhängigen Funktion geschrieben werden.

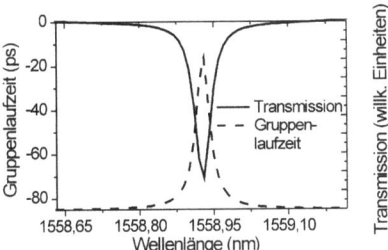

Abbildung 4.7: *Beispiel der Bestimmung der Gruppenlaufzeit anhand eines Resonators mit einer Güte von 48000 über die Hilbert-Transformation.*

$$H(f) = |H(f)|e^{i\Phi(f)} = e^{-\alpha(f)}e^{i\Phi(f)} \qquad (4.13)$$

Über den natürlichen Logarithmus erhält man dann eine Funktion $L(f)$, deren Realteil nur von der Amplitude abhängt, während ihr Imaginärteil von der Phase abhängt:

$$L(f) = ln[H(f)] = -\alpha(f) + i\Phi(f) \qquad (4.14)$$

Dann lauten die Hilbert-Transformationen

$$\Phi(f) = \frac{f}{\pi} P \int_{-\infty}^{\infty} \frac{\alpha(\theta)}{\theta^2 - f^2} d\theta \qquad (4.15)$$

und

$$\alpha(f) = \alpha(0) - \frac{f^2}{\pi} P \int_{-\infty}^{\infty} \frac{\Phi(\theta)}{\theta(\theta^2 - f^2)} d\theta \qquad (4.16)$$

Aus Gleichung 4.15 ergibt sich wie in Gleichung 4.11 durch Differenzieren nach der Frequenz die Gruppenlaufzeit. Die im Transmissionsexperiment bestimmte Größe ist die Intensität, folglich muss die Wurzel aus dem

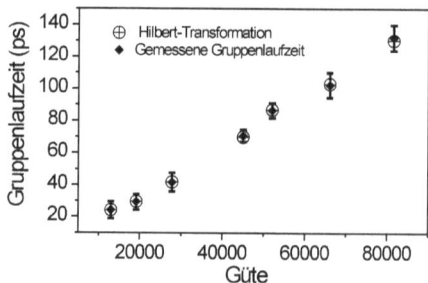

Abbildung 4.8: *Gruppenlaufzeit für verschiedene Güten unterschiedlicher Resonatoren. Die Quadrate sind mittels Hilbert-Transformation aus dem Transmissionssignal ermittelte Gruppenlaufzeiten.*

Messsignal gezogen werden. Abb. 4.7 zeigt den Zusammenhang für einen Resonator mit einer Güte von 48000. Die Gruppenlaufzeit beträgt auf Resonanz 71 ps, analog zum Beispiel in Abb. 4.2. Abb 4.8 zeigt die durch die Hilbert-Transformation ermittelten Gruppenlaufzeiten und die tatsächlich gemessenen für eine Variation der Güte, wie in Abb. 4.6. Die errechneten Werte stimmen sehr gut mit den gemessenen überein, wodurch die experimentellen Ergebnisse weiter abgesichert werden.

Kapitel 5
Brechungsindexmessungen

Motivation

Photonische Kristall-Resonatoren wechselwirken mit ihrer Umgebung. In Kapitel 3 wurde bereits der Zusammenhang mit der Temperatur und die Oxidationsbildung durch Luftkontakt diskutiert. Welchen Einfluss haben andererseits Druckschwankungen oder eine Änderung der Gaszusammensetzung der Umgebungsluft? Für sehr sensitive Experimente und eine spätere Anwendung ist es von Interesse, einen Zusammenhang zwischen Umgebungsbrechungsindex und Antwort des Resonators zu bestimmen. Einen ähnlichen Ansatz verfolgend haben bereits mehrere Arbeitsgruppen versucht, Photonische Kristall-Resonatoren als Sensoren für Flüssigkeiten einzusetzen, und diese anhand ihres Brechungsindexes zu identifizieren. Dabei ist zu beachten, dass der Unterschied zwischen den Brechungsindices verschiedener Flüssigkeiten typischerweise ungefähr um Faktor 100 größer ist als zwischen Gasen und daher auch eine erheblich größere Wirkung auf die Resonanzwellenlänge hat. In diesen Experimenten wurden beispielsweise Resonatoren mittlerer Güte oder aktive Resonatoren im Laserbetrieb verwendet [67, 68]. Der Einsatz von Photonischen Kristall-Resonatoren in der Sensorik erlaubt eine räumliche Auflösung im Mikrometerbereich und eine hohe Integrationsdichte mit anderen optischen Bauelementen [69, 70].

5.1 Messungen an Gasen

Zur Durchführung derartiger Versuche wurde der Transmissionsmessplatz, der bereits in Kapitel 3.1 vorgestellt wurde, im Rahmen dieser Arbeit um eine Vakuumkammer erweitert. Diese Kammer ist schematisch

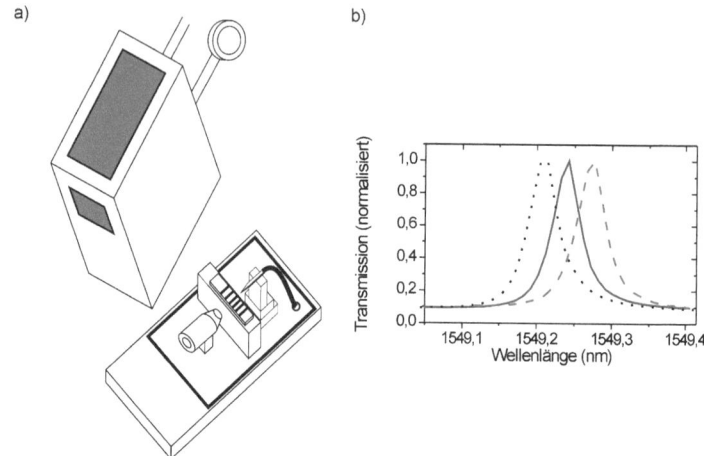

Abbildung 5.1: *a) Schematische Darstellung der Vakuumkammer. Die Vakuumkammer schließt luftdicht mit der Bodenplatte ab. Im Inneren befinden sich die Faserlinse auf dem Piezo-Verfahrtisch, die Probe und das Mikroskopobjektiv zum Auskoppeln. b) Transmissionsmessung am selben Resonator in verschiedenen Umgebungen. Durchgezogene Linie: Referenzmessung in Stickstoff (1bar); gestrichelte Linie: Messung in Schwefelhexafluorid (1 bar); gepunktete Linie: Messung in Vakuum*

in Abb. 5.1 Teil a) gezeigt und schließt die Glasfaser, die Probe und das Mikroskopobjektiv luftdicht von der Umwelt ab. Der Rest des Transmissionsaufbaus bleibt gleich. Die Kammer besteht aus einem Edelstahlaufsatz mit einem Volumen von $30 \times 18 \times 25$ cm^3, der auf eine Bodenplatte luftdicht aufgebracht werden kann. Die Bodenplatte erlaubt die vakuumdichte Durchführung einer optischen Faser und der elektrischen Kabel für den piezoelektrischen Verfahrtisch und den Temperatursensor. Da das Mikroskopobjektiv, das die rückwärtige Facette abbildet, einen Arbeitsabstand von wenigen Millimetern hat, musste es in die Kammer mitintegriert werden. Der Strahl kann durch ein an der Stirnseite der Kammer eingelassenes Plexiglasfenster austreten, während ein zweites, an der Oberseite angebrachtes Plexiglasfenster die Kontrolle der Probe auf korrekte Lage erlaubt. Das Plexiglas absorbiert ungefähr 10% des austretenden Lichts pro Zentimeter Materialdicke. Da es über eine Nut und einen darin eingebetteten Gummiring abgedichtet wird, muss es eine Mindestdicke von 1 cm aufweisen, um den Druckunterschieden mechanisch widerstehen zu

5.1 Messungen an Gasen

können. Bei Druckänderung bewegt sich die Plexiglasscheibe, was den Fokus verzerrt und es erschwert, die Facette im Fokus zu behalten. Der piezoelektrische Verfahrtisch bewegt sich als Funktion des Drucks und muss beim Abpumpen mehrfach nachgeregelt werden, wozu jeweils eine Pumpunterbrechung nötig ist. Die Kammer verfügt weiterhin über zwei Anschlüsse, um Gas zuzuführen bzw. abzuführen oder ein Druckmessgerät anschließen zu können. Im Experiment konnte die Kammer bis auf 10^{-6} mbar abgepumpt werden und hielt diesen Druck über mehrere Stunden, was eine für das Experiment ausreichend niedrige Leckrate zeigt. Um die Abhängigkeit der Resonanzwellenlänge vom Umgebungsbrechungsindex ermitteln zu können, wurden 4 verschiedene Gase verwendet. Die Probe wurde in verschiedene Gasatmosphären gebracht und die Resonanzwellenlänge ermittelt. Dabei wurde Stickstoff anstelle von Raumluft als Referenz verwendet, um Schwankungen in der Luftfeuchte ausschließen zu können. Helium und Vakuum wurden wegen ihrer niedrigen Brechungsindizes und Schwefelhexafluorid wegen seines hohen Brechungsindexes verwendet. Teilweise kam Argon zum Einsatz, das einen zu Stickstoff sehr ähnlichen Brechungsindex hat und deswegen eher zur Kontrolle der Reproduzierbarkeit als zur eigentlichen Messung der Brechungsindexabhängigkeit diente. Die Werte für die Brechungsindizes wurden diversen Literaturangaben [71, 72, 73, 74] entnommen und wurden auf 25° C extrapoliert.

Die Versuche in diesem Kapitel wurden alle an den in Kapitel 2.4 eingeführten Heterolochradius-Resonatoren (HHR) durchgeführt. Ihr Design basiert auf einem W1-Wellenleiter und sie haben daher eine ähnliche Modenstruktur und Modenvolumen wie andere Hetero-Resonatoren, weswegen sich die hier gefundenen Ergebnisse direkt auf diese Strukturen übertragen lassen.

Abbildung 5.1 Teil b) zeigt drei Transmissionsmessungen desselben Resonators in verschiedenen Atmosphären. Für Gase mit höherem Brechungsindex vergrößert sich der effektive Brechungsindex des Schichtwellenleiters und man erwartet qualitativ eine Verschiebung der Resonanz zu größeren Wellenlängen. So wurde im Beispiel bei Austausch von Stickstoff durch Schwefelhexafluorid eine positive Verschiebung um 0,031 nm beobachtet. Im umgekehrten Fall trat eine Reduktion der Resonanzwellenlänge ein, bei Wechsel von Stickstoff zu Vakuum um -0,022 nm. Die Resonanzen sind gut aufgelöst und die Verschiebung deutlich erkennbar. Damit wird ersichtlich, dass eine gassensitive Messung mithilfe von PhK-Resonatoren trotz der geringen Brechungsindexunterschiede möglich ist.

Die Resonanzverschiebung hat zwei verschiedene Anteile. Zum einen erstreckt sich die Mode vertikal aus dem Schichtwellenleiter und überlappt so mit dem Gasbrechungsindex. Für einen einfachen 220 nm GaAs-Wellenleiter und für Licht bei 1500 nm befinden sich ungefähr 20% der Mode außerhalb des Schichtwellenleiters. Zum anderen ändert sich der Brechungsindex in den PhK-Löchern, was zu einer Verschiebung der Bandstruktur führt. Beide Effekte ändern den effektiven Brechungsindex und sind nur von der Geometrie des Resonators abhängig. Für eine feste Geometrie, also Gitterkonstante, Füllfaktor und Dicke des Schichtwellenleiters, können sie für kleine Änderungen des Brechungsindexes in eine einzelne Konstante zusammengezogen werden. Die Konstante wird als R-Faktor (Response) bezeichnet und kann durch FDTD-Simulation auch für kleine Brechungsindexunterschiede bestimmt werden. Der Zusammenhang zwischen Wellenlängenverschiebung $\Delta \lambda$ und Brechungsindexunterschied Δn_{Gas} lautet dann allgemeingültig:

$$\frac{\Delta \lambda}{\lambda} = -\frac{\Delta \omega}{\omega} = \frac{\Delta n_{Gas}}{n_{Gas}} \cdot R \qquad (5.1)$$

Um die ermittelten R-Faktoren zu überprüfen, wurden Messreihen mit demselben Resonator in unterschiedlichen Gasatmosphären durchgeführt. Um einen konstanten Vergleichspunkt zu haben, wurde die Kammer zu Beginn jeder Messreihe mehrfach mit Stickstoff gespült und so eine Abhängigkeit von Restgasen und Luftfeuchtigkeit minimiert. Wie in Kapitel 3 diskutiert, hängt die Resonanzwellenlänge auch von der Umgebungstemperatur ab. Um eine mögliche Verschiebung durch unterschiedliche Temperaturen zu reduzieren, wurde die Temperatur über den unter der Probe befindlichen Thermistor gemessen und von Hand protokolliert. Die Temperaturen konnten mit einer Messgenauigkeit von 0,05 K bestimmt werden, was die Messgenauigkeit der Resonanzwellenlänge auf 0,005 nm begrenzt. Abb. 5.2 zeigt eine solche Messreihe für einen HHR mit einem

5.1 Messungen an Gasen

Luftfüllfaktor von 23% und einer Schichtwellenleiterdicke von 240 nm. Der für diese Struktur durch FDTD Simulation ermittelte R-Faktor beträgt 0,052. Die sich theoretisch ergebenden Verschiebungen sind durch die Gerade dargestellt und stimmen in den Grenzen der angegebenen Fehler gut mit der Messung überein. Die größte Abweichung zeigt sich für Helium, was auf eine Verunreinigung desselben zurückzuführen sein könnte. Da Helium selbst für Gase einen extrem niedrigen Brechungsindex hat, resultiert jede Verunreinigung in der Steigerung des Gesamtbrechungsindexes, was das Messergebnis erklären würde. Weder bei dieser noch einer anderen Messung unter verschiedenen Gasumgebungen wurde bei Austausch des Gases eine bemerkenswerte Veränderung des Gütefaktors festgestellt. Dies liegt zum einen an den extrem kleinen Brechungsindexunterschieden, die nur einen sehr geringen Einfluss auf die photonische Bandstruktur haben, was sich in den kleinen Änderungen der Resonanzwellenlänge manifestiert. Dieser Einfluss ist zu gering um beispielsweise die Reflektivität der Spiegel durch eine Annäherung der Spiegelmode an die Resonatormode zu senken. Andererseits liegt für die untersuchten Gase keine Absorptionsbande im verwendeten, durch den Laser festgelegten spektralen Bereich.

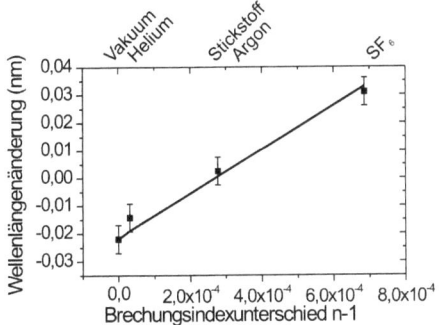

Abbildung 5.2: *Wellenlängenänderung für verschiedene Brechungsindizes für einen Resonator. Die eingezeichnete Gerade folgt aus dem theoretisch ermittelten R-Faktor von 0,052.*

Der Brechungsindex des die Probe umgebenden Gases hängt nicht nur von dessen Zusammensetzung sondern auch von dessen Druck ab. Der Zusammenhang zwischen Brechungsindex n und Druck p kann näherungsweise durch die Lorentz-Lorenz-Formel beschrieben werden [75]:

$$n = \sqrt{3\rho\frac{P}{\mu} + 1} \approx 1 + \frac{3}{2} \cdot \frac{P}{\mu} \cdot \frac{p}{R \cdot T} \qquad (5.2)$$

Dabei sind T und R die Temperatur und die Gaskonstante. Die beiden verbleibenden Größen sind abhängig vom verwendeten Gas, es handelt sich um die Molrefraktion P und das Molekulargewicht μ. Es ergibt sich ein linearer Zusammenhang zwischen Brechungsindex und Druck des Umgebungsgases. Typische Temperaturänderungen des Gases im einstelligen Kelvinbereich ergeben Änderungen des Brechungsindexes im Bereich 10^{-6}, sind also ungefähr 2 Größenordnungen kleiner als die bisher besprochenen Effekte und können damit vernachlässigt werden.

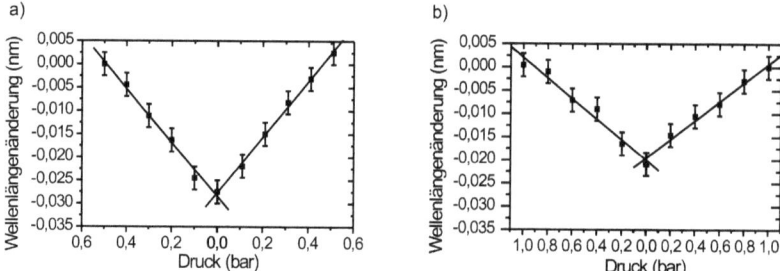

Abbildung 5.3: *Druckabhängige Transmissionsmessung. a) Messung für Schwefelhexafluorid. b) Messung für Stickstoff. Es wurde jeweils zuerst der Druck reduziert und dann wieder bis zum Ausgangsdruck erhöht. Die Geraden sind Ausgleichsgeraden.*

Abb. 5.3 zeigt zwei Messungen der Druckabhängigkeit. Teil a) zeigt eine Druckmessung mit Schwefelhexafluorid und Teil b) eine Druckmessung mit Stickstoff. Beide Abbildungen zeigen den erwarteten linearen Zusammenhang sowohl für Drucksenkung als auch für Druckerhöhung. Die Messergebnisse stimmen mit den theoretisch erwarteten unter Berücksichtigung der schon diskutierten Messungenauigkeit überein.

5.2 Epitaktische und lithographische Optimierungsverfahren

Die bisher diskutierten Resonatoren sind nicht speziell für die Messungen in diesem Kapitel optimiert. Die Ergebnisse sind dadurch allgemeingültig auf andere Hetero-Resonator-Designs anwendbar und zeigen, inwieweit Gas- und Druckänderungen den Resonator beeinflussen können. Um die Resonatoren sensitiver auf Brechungsindexänderungen zu machen und generell die Wechselwirkung zwischen Mode und Umgebung zu erhöhen, sind Optimierungen nötig. Dafür muss der Überlapp von Resonatormode und Gas erhöht werden. Dies kann epitaktisch geschehen, indem der Schichtwellenleiter, in den der PhK geätzt wird, dünner gestaltet wird, oder lithographisch, indem zusätzliche Löcher in den Resonator eingebracht werden.

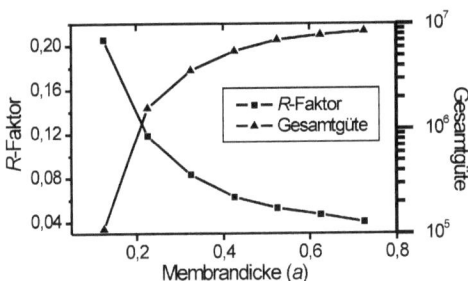

Abbildung 5.4: *Gesamtgüte und R-Faktor als Funktion der Membrandicke.*

Ein dünnerer Schichtwellenleiter bedeutet einen schwächeren Einschluss der Lichtmode in vertikaler Richtung und damit einen größeren Moden-Gas-Überlapp. Der höhere Überlapp schlägt sich in einem erhöhten R-Faktor nieder. Dieser Effekt wurde durch eine FDTD Simulation quantitativ erfasst und ist in Abb. 5.4 dargestellt. Man erkennt, dass mit abnehmender Dicke der R-Faktor ansteigt, während die Güte, bedingt durch den schwächeren Modeneinschluss, sinkt. Die Güte ist bis zu einer niedrigen Schichtwellenleiterdicke von $0{,}25\ a$ theoretisch noch größer als $2 \cdot 10^5$

und damit in der Größenordnung der höchsten in dieser Arbeit gemessenen Werte.

Für dieses Experiment konnte ein Schichtwellenleiter mit erheblich niedrigerer Dicke als üblich verwendet werden. Die Dicke wurde von 240 nm auf 158 nm gesenkt, also immerhin auf 65% des Originalwertes. Um im spektralen Bereich des Messlasers zu bleiben, muss der verkleinerte effektive Brechungsindex durch eine Vergrößerung der Gitterkonstanten ausgeglichen werden. Die Resonatoren wurden mit den gleichen Füllfaktoren wie zuvor und einer Gitterkonstanten von 470 nm erstellt. Eine derartige Probe ist in Abb. 5.5 zu sehen, wobei die Spiegelbereiche und die Kavität dunkel hervorgehoben worden sind. Der R-Faktor für diesen Resonator beträgt 0,078. Für eine geringere Schichtwellenleiterdicke von 0,25 a (also ungefähr 135 nm) ergibt sich ein R-Faktor von 0,114, allerdings beginnt die Güte stark einzubrechen und ein weiteres Verringern der Dicke des Schichtwellenleiters resultiert in einer Verschlechterung der spektralen Auflösbarkeit. Zudem nimmt die Transmission im Experiment schon für den 158 nm Schichtwellenleiter rapide ab, was die Messung erschwert. Als Obergrenze für den durch Verringerung der Dicke des Schichtwellenleiters erreichbaren R-Faktor soll deswegen 0,114 angenommen werden.

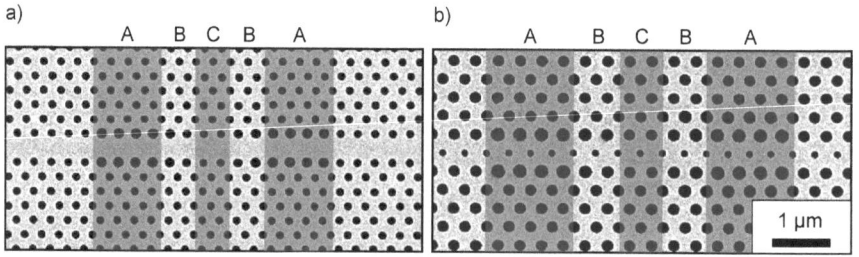

Abbildung 5.5: *Elektronenmikroskopaufnahmen für einen HHR ohne Mittellöcher in a) bzw. mit Mittellöchern in b). Beide Teilabbildungen sind im selben Maßstab.*

Desweiteren kann der Gas-Moden-Überlapp durch Führung der Resonatormode im Gas erhöht werden. Diese Technik wird auch für andere Zwecke verwendet, wie beispielsweise bei Hochleistungs-PhK-Fasern bei

5.2 Epitaktische und lithographische Optimierung

denen die Mode in Luft geführt wird, um Nichtlinearitäten zu verhindern [76], oder in W1-Wellenleitern [77], in die mittig ein Luftschlitz eingebracht wurde, um die Dispersionseigenschaften zu verändern. Im vorliegenden Fall wurden erstmals Luftlöcher in einen Resonator eingebracht. Abb. 5.5 b) zeigt einen solchen Resonator. Im Vergleich mit dem in Teil a) derselben Abbildung darstellten Resonator ohne Mittellöcher fällt auf, dass die Gitterkonstante und damit die Lochradien größer geworden sind. In der Tat ist die verwendete Gitterkonstante auf 540 nm um 15% gewachsen, um die Resonanzwellenlänge trotz des niedrigeren effektiven Brechungsindexes im spektralen Bereich des Lasers zu halten. Der Überlapp von Gas zu Mode wird in Abb. 5.6 deutlich. Sie zeigt die Verteilung des quadrierten elektrischen Feldes auf dem Muster des PhKs. Man erkennt, dass die Bereiche höchster Feldstärke gerade in die Mittellöcher fallen. Weil folglich auch die Lochflanken jetzt im Bereich hoher Intensität liegen, sind diese Strukturen auch viel sensitiver gegenüber schrägen Ätzflanken und Unregelmäßigkeiten auf der Lochoberfläche, die Licht aus dem Kristall streuen können. Derartige auf dem dünnen Schichtwellenleiter hergestellte Resonatoren zeigen Güten um 30000 und liegen folglich einen Faktor 7 unter den besten auf GaAs hergestellten Resonatoren in dieser Arbeit, was trotz der angesprochenen Schwierigkeiten ein erstaunlich hoher Wert ist und für die hohe Qualität des Ätzprozesses spricht. Eine Transmissionsmessung zur Bestimmung der Güte ist in Abb. 5.6 Teil b) gezeigt. Die spektralen Bereiche hoher Transmission des ansonsten für die Zuführung verwendeten W1-Wellenleiters ohne Mittellöcher und des W1-Wellenleiters mit Mittellöchern überlagern nicht, weswegen die Zuführung trotz der höheren Verluste über letzteren erfolgen musste. Zur Einkopplung an der Facette wurde wieder ein W5-Wellenleiter verwendet, dessen Transmissionsbereich spektral ausreichend breit ist.

Der R-Faktor vergrößert sich mit zunehmender Mittellochgröße, allerdings leidet darunter die Güte erheblich. Der Zusammenhang ist in Abb. 5.7 für einen 0,65 a dicken Schichtwellenleiter dargestellt. Für eine Mittellochgröße von 0,2 r/a beginnt die Güte stark zu fallen, was die spektrale Auflösung verringert. Eine genaue Untersuchung zeigt, dass vor diesem Wert die Güte durch die vertikale Abstrahlung begrenzt ist. Ab die-

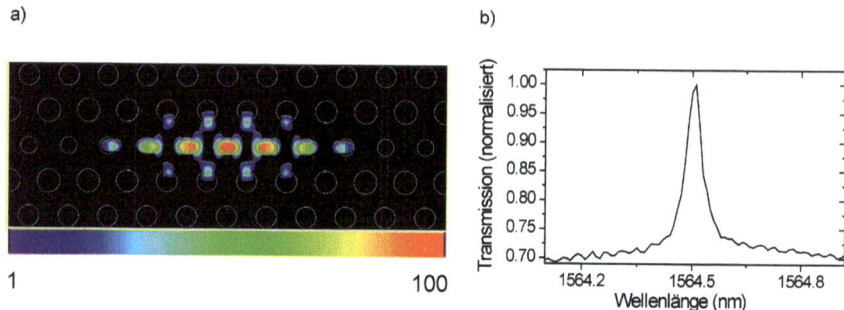

Abbildung 5.6: *a) Modenverteilung (E^2) eines optischen Resonators. Die Bereiche hoher Feldstärke liegen in den Mittellöchern. b) Transmissionsmessung an einer solchen Struktur. Die Güte beträgt 30000.*

sem Wert wird jedoch der Einschluss in Richtung des PhKs zu schlecht, da die W1-Mode sich dem Luftband annähert und dadurch Photonen in die Bänder über der Bandlücke gestreut werden können. Für diesen Wert erhält man einen maximalen R-Faktor von 0,11.

Zur Überprüfung der diskutierten Verbesserungen wurde eine Struktur hergestellt. Dazu wurde der dünnere Wellenleiter mit Mittellöchern kombiniert, was in einem R-Faktor von 0,132 resultierte. Die Ergebnisse der Brechungsindexmessungen sind in Abb. 5.8 zusammengefasst dargestellt. Sie zeigt als Quadrate die Messwerte für einen dicken Schichtwellenlei-

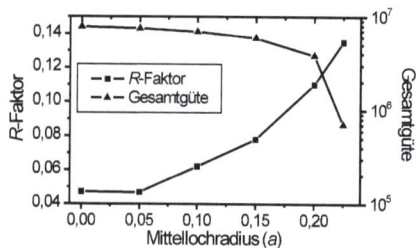

Abbildung 5.7: *R-Faktor und Güte als Funktion des Mittellochradius.*

5.2 Epitaktische und lithographische Optimierung

ter mit nicht optimiertem Resonator. Die Gerade, die die Messwerte jeweils verbindet, ist keine Ausgleichsgerade, sondern ergibt sich durch die theoretisch bestimmten R-Faktoren. Die epitaktische Verbesserung durch einen dünneren Schichtwellenleiter resultiert in den Messwerten, dargestellt durch Kreise, und in einem 35% größeren R-Faktor von 0,078. Die anschließende lithographische Verbesserung, dargestellt durch die Dreiecke, erreicht einen zusätzlich 69% größeren R-Faktor 0,132. Insgesamt wurde damit eine fast 2,5-fache Vergrößerung der Wellenlängenänderung erreicht, die in Abb. 5.8 durch die höhere Geradensteigung deutlich erkennbar ist.

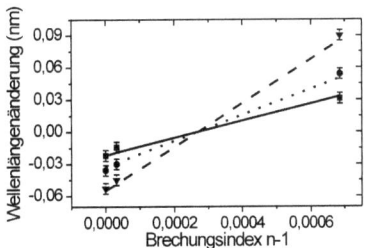

Abbildung 5.8: *Wellenlängenänderungen für verschiedene Gasumgebungen und verschiedene Resonatoren. Quadrate: Nichtoptimierter Resonator; Kreise: Resonator in dünnem Schichtwellenleiter; Dreiecke: Resonator in dünnem Schichtwellenleiter mit Mittellöchern.*

Wenn man die Dicke des Schichtwellenleiters weiter senkt und die Mittellöcher weiter vergrößert bis zu den im Text diskutierten Extremwerten, ergibt sich eine weitere Verbesserung des R-Faktors um ungefähr das Doppelte. Dies ist allerdings die Obergrenze der möglichen Verbesserung, da dann die Güte des Resonators stark sinkt und damit die spektrale Auflösbarkeit leidet. Zudem wäre ein derartiger Resonator sehr lichtschwach und auch mechanisch weniger stabil.

Die diskutierten Optimierungsmöglichkeiten erhöhen die Wechselwirkung zwischen Mode und Umgebung. Dies kann dazu genutzt werden quantenelektrodynamische Experimente an einzelnen Gasatomen durchzuführen. Da sich das elektrische Feld in den in Kapitel 2 eingeführten PhK-Halbleiterresonatoren nur in geringem Maße aus dem Halbleiter erstreckt, erfahren Gasatome in der Näher solcher Resonatoren auch nur geringe Feldstärken. Durch das hier gezeigte Einbringen von Löcher an den Stellen höchster Feldkonzentration oder auch von Schlitzen entlang des Wellenleiterzentrums kann dieser Zustand behoben werden. Dadurch wird beispielsweise starke Kopplung von Rubidiumatomen in PhK-Resonatoren theoretisch möglich [78]. Derartige Experimente kombinieren das kleine Modenvolumen von PhK-Resonatorn mit Emittern, die nicht an einen Festkörper koppeln, und könnten die Lücke zwischen quantenelektrodynamischen Experimenten in der Atom- und in der Festkörperphysik schließen.

Kapitel 6
Quantenpunkte in Resonatoren

Motivation

In den vorhergehenden Kapiteln wurden externe Lichtquellen zur Charakterisierung der Eigenschaften von Photonischen Kristall-Resonatoren verwendet, wobei die untersuchten Eigenschaften zuvorderst von der Güte und nur teilweise vom erreichten Modenvolumen abhingen. Eine Stärke des verwendeten Materialsystems ist die Möglichkeit, interne Lichtquellen wie Quantenpunkte oder Quantenfilme in den Resonator einzubringen. Durch die Kombination von kleinem Modenvolumen und hohen Güten treten stark ausgeprägte quantenelektrodynamische Effekte auf, wie beispielsweise die Erhöhung der spontanen Emissionsrate durch den Purcelleffekt und damit die effektive Kopplung an nur eine Mode.

6.1 Zufällige räumliche Kopplung

Als interne Lichtquelle werden Quantenpunkte verwendet, welche optisch angeregt werden und einzelne Photonen emittieren. Alternativ könnten Quantenfilme verwendet werden, diese bieten jedoch keinen nulldimensionalen elektronischen Einschluss weswegen die Ladungsträger an Oberflächenzuständen nichtstrahlend rekombinieren können [79]. Da PhKe über ein hohes Oberflächen zu Volumen-Verhältnis verfügen, verspricht hier die Verwendung von Quantenpunkten einige Vorteile.

Die folgenden Photolumineszenzexperimente mit Mikrometerauflösung (μPl) wurden an InAs Quantenpunkten durchgeführt. Diese befinden sich vertikal zentriert in einem 165 nm dicken Schichtwellenleiter, welcher auf eine 1,5 µm dicke AlGaAs-Opferschicht gewachsen wurde. Die Quantenpunkte wurden mit einer recht hohen nominellen Flächendichte von $5 \cdot 10^{10}$ cm^{-2} gewachsen und emittieren um 930 nm. Sie werden im Stranski-

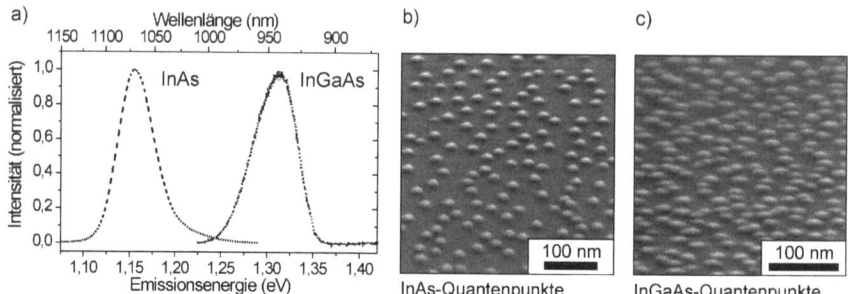

Abbildung 6.1: *a) Pl-Spektren von selbstorganisiert gewachsenen Quantenpunkten. b) & c) Elektronenmikroskopaufnahmen von InAs- bzw. InGaAs-Quantenpunkten.*

Krastanov-Modus [80] an zufälliger Position aufgebracht. Es handelt sich dabei um ein etabliertes Verfahren zur Herstellung von Quantenpunkten auf Halbleitermaterial und es nutzt dafür Verspannungen zwischen verschiedenen Halbleitermaterialien aus. In diesem Fall hat InAs eine 7% größere Materialgitterkonstante als GaAs und wächst daher verspannt auf GaAs auf [81, 80]. Ab einer kritischen Schichtdicke von 1,75 Monolagen (0,58 nm) geht die InAs-Schicht in eine energetisch günstigere Form über und relaxiert in Quantenpunkte oberhalb einer InAs-Benetzungsschicht [82]. Ein Beispiel für derartige, selbstorganisiert gewachsene Quantenpunkte und ihr Emissionsspektrum ist in Abb. 6.1 gezeigt. Dabei wurde die Zugabe von Gallium zu den InAs-Quantenpunkten als zusätzlicher Freiheitsgrad verwendet, um Form, Größe und Emissionswellenlänge einzustellen. Man erkennt, dass die Quantenpunkte an zufälligen Positionen nukleieren. Sie haben insbesondere unterschiedlichen lokale Dichten und unterschiedliche Ausdehnungen. Je nach physikalischer Umgebung des Quantenpunkts haben die in ihm gebundenen Exzitonen unterschiedliche Energien. Folglich unterscheiden sich die Übergangsenergien, was zu

6.1 Zufällige räumliche Kopplung

der in Abb. 6.1 gezeigten inhomogenen Linienverbreiterung des Quantenpunktspektrums führt.

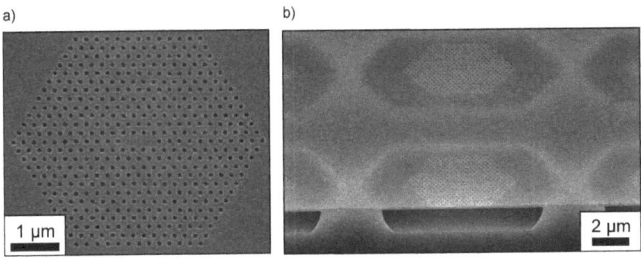

Abbildung 6.2: *Elektronenmikroskopaufnahmen von PhK-Resonatoren. a) Gesamtansicht. b) Spaltfacette mit sichtbarem unterätzten Bereich.*

Abb 6.2 zeigt zwei Ansichten des verwendeten Resonatordesigns. Deutlich ist dabei der unterätzte Bereich erkennbar, der den vertikalen Modeneinschluss garantiert. Es handelt sich bei diesem Resonator um Variationen des in Kapitel 2.4 eingeführten L3h-Designs. Der verwendete Resonator wird durch drei ausgelassene Löcher gebildet, deren nächste Nachbarn in Resonatorrichtung um 0,15 a nach außen verschoben wurden. Teilweise wurden deren Radien um ein Viertel verkleinert im Vergleich zu den den Löchern des restlichen PhKs. Das Design kombiniert kleine Modenvolumen von ungefähr 0,69 λ/n mit hohen Güten. Als Füllfaktor wurde 25% gewählt und die Gitterkonstante wurde um 260 nm variiert, um die Fundamentalmode im Bereich des Pl-Spektrums zu verschieben. Bei einer Schrittweite der Gitterkonstanten von 1 nm ergibt sich experimentell eine Verschiebung der Mode um ungefähr 3 nm. Die erreichten Wellenlängen liegen zwischen 950 nm und 1000 nm und damit im Bereich der Quantenpunktlumineszenz. Jeder Resonator wurde mit nominell gleichen Parametern mehrfach auf die Probe geschrieben, um fabrikationsbedingte Abweichungen statistisch auszugleichen und um die Wahrscheinlichkeit zu erhöhen, dass ein einzelner exzitonischer Übergang spektral nahe an der Resonatormode liegt. Die Resonanzwellenlänge variiert auch für nominell gleiche Resonatoren, wobei eine Standardabweichung von 6 nm gemessen wurde. Weiterhin ist zu beachten, dass eine Kavität mit umgebendem PhK eine Abmessung von weniger als 25 µm² hat und daher hohe Resonatordichten erreicht werden können.

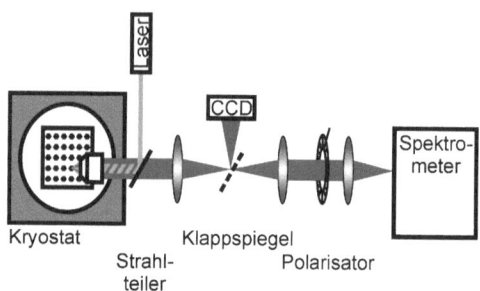

Abbildung 6.3: *µPl-Setup für die spektroskopische Untersuchung von PhK-Resonatoren mit Quantenpunkten.*

Der für die µPl-Experimente verwendete Messaufbau ist schematisch in Abb. 6.3 gezeigt. Zur Anregung der Quantenpunkte wurde ein frequenzverdoppelter Festkörperlaser im Dauerstrichbetrieb verwendet (532 nm). Der Laser wird über einen halbdurchlässigen Spiegel in die Achse Kryostat zu Spektrometer eingekoppelt. Ein für Infrarotlicht optimiertes Mikroskopobjektiv hoher numerischer Apertur (NA = 0,4) fokussiert den Strahl auf einen ungefähr 3 µm großen Bereich auf der Probe. Diese befindet sich auf dem Kühlfinger eines Heliumdurchflusskryostaten bei Temperaturen von 3 K bis 60 K. Über das Mikroskopobjektiv wird das erzeugte Pl-Signal aufgesammelt und über mehrere Linsen in ein Spektrometer mit Silizium-CCD abgebildet. Für Wellenlängen über 1 µm stand alternativ ein anderes Gitterspektrometer mit InGaAs-Zeilen-Kamera zur Verfügung. Zusätzlich konnte ein Linearpolarisator in den Strahlengang eingebracht werden.

Da der Laser Ladungsträger im GaAs-Schichtwellenleiter oberhalb der Bandlücke anregt, sind diese nicht lokal gebunden und können beispielsweise an Oberflächenzuständen nichtstrahlend rekombinieren, was zur Aufheizung der Probe führt. Außerdem relaxieren sie in der Regel in unterschiedliche Quantenpunkte, was insbesondere bei hohen Quantenpunktdichten durch eine große Anzahl an Emissionslinien zu einem schwer zu interpretierenden Pl-Signal führt.

6.1 Zufällige räumliche Kopplung 71

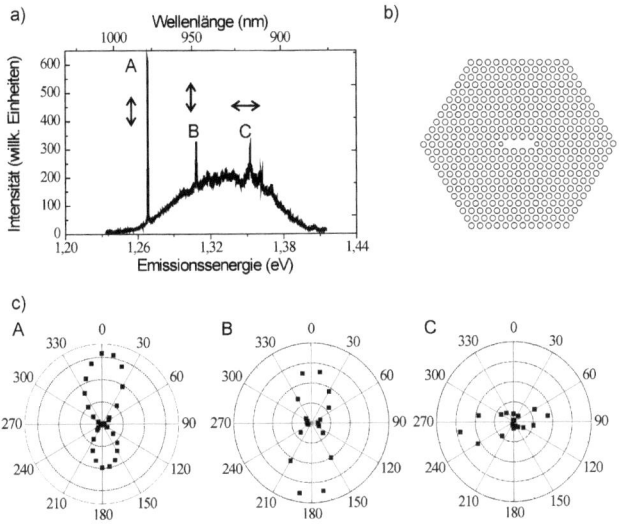

Abbildung 6.4: *a) Pl-Spektrum mit Fundamentalmode (A) und den beiden nächsthöheren Moden. Die Pfeile bezeichnen die Polarisationsrichtung relativ zum Resonator in Teil b). b) Ausrichtung des Resonators zum Vergleich. c) Polarisation der ersten drei Moden.*

Der hier verwendete L3h hat mehrere Moden, wobei die Fundamentalmode die höchste Güte besitzt und von den im Resonator lokalisierten Moden am energetisch tiefsten liegt. Abb. 6.4 zeigt ein Spektrum über den ganzen Wellenlängenbereich der Quantenpunkt-Pl. Für diesen Resonator mit einer Gitterkonstante von 242 nm liegt die Fundamentalmode bei 977 nm. Weiterhin sind die erste und zweite höhere Mode bei 947 nm und 916 nm erkennbar. Die Polarisation der Moden wurde gemessen und stimmt mit Literaturangaben überein [83, 84], wodurch sichergestellt ist, dass es sich um die erwarteten Moden handelt. Die Ausrichtung des Resonators ist in Abb. 6.4 Teil b) und relativ dazu die gemessenen Polarisationsverläufe in Teil c) gezeigt. Die ersten beiden Moden sind beide gleich und zwar senkrecht zum Resonator polarisiert. Die dritte Mode ist hingegen parallel zur Resonatorrichtung polarisiert. Die nächsthöhere Mode hat die gleiche Polarisationsrichtung. Sie ist allerdings nicht gezeigt, da sie für die Gitterkonstante des verwendeten Resonators außerhalb der Quantenpunkt-Pl liegt. Wenn man das Pl-Signal in Polarisationsrichtung zum Signal in Sperrrichtung ins Verhältnis setzt, ergibt sich für alle Moden eine recht hohe Unterdrückung von mindestens 1:5.

Die Güte der Fundamentalmode hängt zusätzlich zu den in Kap. 3 diskutierten Faktoren noch von der spektralen Position relativ zum Maximum der Quantenpunktlumineszenz ab [85]. Die Güte wird dabei von der Absorption des Quantenpunktensembles bestimmt, da Quantenpunkte nicht nur durch Rekombination eines Exzitons ein Photon aussenden können, sondern bei der gleichen Wellenlänge ein Photon absorbieren können. Wenn das durch Absorption erzeugte Exziton nichtstrahlend zerfällt oder das bei einem strahlenden Zerfall entstehende Photon nicht in die Fundamentalmode zurückkoppelt, wird der Mode effektiv Energie entzogen und damit die Güte gesenkt. Abb. 6.5 zeigt die Güten verschiedener Resonatoren, die durch Variation der Gitterkonstanten über den spektralen Bereich des Pl-Spektrums verteilt wurden. Die Messdaten sind in der Abbildung durch eine gestrichelte Hilfslinie verbunden. Als durchgezogene Linie ist das Pl-Spektrum der Quantenpunkte zusätzlich eingezeichnet. Für Quantenpunkte auf demselben Wafer variiert die gemessene Pl-Intensität in erster Linie mit der Quantenpunktdichte. Eine höhere Anzahl Quantenpunkte bedeutet allerdings auch mehr Absorption, zumindest für die verwendeten, kleinen Eingangsleistungen, da die Quantenpunkte dann nicht gesättigt sind. Wie erwartet verhalten sich folglich die Kurven des Quantenpunktspektrums und der Güte gegenläufig, wobei die langwellige Seite höhere Güten zeigt, da hier weniger Quantenpunkte mit niederenergetischen Übergängen zur Verfügung stehen, die das Licht absorbieren können.

Um hohe Güten zu erreichen, sollte also der Resonator spektral am langwelligen Rand der Quantenpunkt-Pl positioniert werden, was allerdings zur Folge hat, dass die Wahrscheinlichkeit klein wird, dass ein spektral resonanter Quantenpunkt im Zentrum der Mode liegt. Um hohe Güten zu erreichen und auch um ein sauberes Spektrum mit auflösbaren einzelnen Quantenpunktlinien zu erhalten, muss die spektrale Dichte der Quantenpunkte beachtet werden. In einem Laserfokus mit 3 µm Durchmesser liegen unter Berücksichtigung des Luftfüllfaktors ungefähr 2500 Quantenpunkte. Von diesen soll nur einer im einem spektralen Bereich von 4 nm

6.1 Zufällige räumliche Kopplung

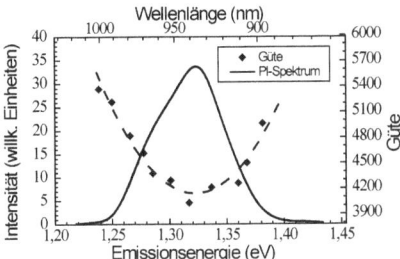

Abbildung 6.5: *Güten von Resonatoren an unterschiedlichen spektralen Positionen relativ zum Pl-Spektrum der Quantenpunkte.*

um die Resonanz strahlen, damit die Resonanz und der koppelnde Quantenpunkt nicht von anderen überstrahlt werden, aber trotzdem noch spektral in Resonanz gebracht werden können. Um dies zu erreichen, legt man die Resonanz an den Rand des Quantenpunktspektrums. Räumlich liegen andererseits nur ungefähr 4 Quantenpunkte in einem Kreis mit 50 nm Radius um die Resonatormitte, also den Bereich mit hoher Feldstärke und daher hoher Kopplung. Folglich hat nur ein Promille der hergestellten Kavitäten einen Quantenpunkt im Feldmaximum, der gleichzeitig spektral in der Nähe der Kavität liegt. Beispielsweise geben die Autoren in [21] an, 30000 Resonatoren mit verschiedenen geometrischen Parametern hergestellt zu haben, um die hohen Anforderungen an spektrale und räumliche Kopplung zu erfüllen. Auch wenn nicht alle diese Resonatoren tatsächlich benötigt wurden, stimmt die Überschlagsrechnung qualitativ gut und zeigt eindrucksvoll, wie schwierig es ist, auf statistischem Wege hohe Kopplungsstärken zu erreichen.

Eine Möglichkeit, um Quantenpunkte mit ausreichender Genauigkeit gezielt zu platzieren, würde die Problematik der räumlichen Kopplung vermindern. Wenn man durch diesen Vorgang die Quantenpunkte auch noch gleichzeitig genügend vereinzeln könnte, so dass man mit dem verwendeten µPl-Aufbau nur bis zu 10 Quantenpunkte mit dem Laserfokus anregen würde, dann müsste man nicht in den spektralen Randbereich des Quantenpunktspektrums ausweichen. Man könnte dann die Resonanz in das Maximum des Quantenpunktspektrums legen, wo die Wahrscheinlichkeit, tatsächlich einen Quantenpunkt mit dieser exzitonischen Übergangsfrequenz vorzufinden, erheblich höher ist als im Randbereich. Wird das Quantenpunktspektrum durch eine Gauß-Verteilung mit Halbwertsbreite 50 meV angenähert, dann ist die Wahrscheinlichkeit, dass ein Quantenpunkt in einem 4 nm breiten energetischen Intervall um das Maximum liegt, 10%. Das heißt, dass jedes 10. Quantenpunkt–Resonatorsystem allein durch spektrale Temperaturfeineinstellung in spektrale Resonanz gebracht werden könnte, was einen erheblichen Fortschritt zu rein zufallsbasierten Designs darstellt. Weiter verbessert wird dieser Prozentsatz durch aufwändigere Methoden zur spektralen Kontrolle von Quantenpunkt oder Resonator nach Herstellung wie in Unterkapitel 3.3 diskutiert. Eine Möglichkeit zur Positionierung von Quantenpunkten wird im Folgenden beschrieben.

6.2 Positionierung von Quantenpunkten

Die Positionierung von Halbleiterquantenpunkten ist eine anspruchsvolle Aufgabe. Es wurden dazu einige, teilweise sehr ähnliche Ansätze entwickelt. Die folgenden Beispiele beschränken sich auf Halbleiterquantenpunkte im GaAs-Materialsystem, die über einen „bottom up"-Zugang hergestellt wurden. Folglich werden insbesondere geätzte Quantenpunkte und Kolloidquantenpunkte, die allerdings für Halbleiterresonatoren auch von untergeordnetem Interesse sind, nicht weiter diskutiert. Die kontrollierte Positionierung von Quantenpunkten kann in verschiedenen Freiheitsgraden geschehen. Die Quantenpunkte können beispielsweise eindimensional angeordnet werden, wobei die einzelnen Quantenpunkte entlang einer Linie zufällig liegen. Eine mögliche Realisierung ist das Aufwachsen von Quantenpunkten auf dünnen Streifen von AlAs zwischen GaAs-Bereichen [86, 87], wobei die unterschiedliche Diffusionslänge von Indium auf den beiden Materialien die Positionierung bewirkt. Für die Kopplung zwischem optischem Resonator und Quantenpunkt ist eine punktgenaue Positionierung notwendig, also ohne räumlichen Freiheitsgrad. Auch dies kann mit verschiedenen Verfahren erreicht werden. Beispielsweise wurde Indium über eine sub-µm große Öffnung gezielt

6.2 Positionierung von Quantenpunkten

auf den Halbleiter aufgebracht und später unter Arsen-Fluss in InAs-
-Quantenpunkte umgewandelt [88, 89]. In einer anderen Methode werden
Quantenpunkte in pyramidenförmigen Vertiefungen gewachsen [90, 91],
welche zuvor in eine GaAs-Fläche mit spezieller Ausrichtung geätzt werden. Die letzte hier erwähnte Methode bietet dem aufwachsenden InAs
flache Vertiefungen als Nukleationszentren an, die auf unterschiedliche
Weise zuvor hergestellt wurden, beispielsweise durch Oxidation durch ein
Rasterkraftmikroskop und anschließendes selektives Ätzen [92].

Für diese Arbeit wurde eine ähnliche Methode gewählt, die mit dem Herstellungsprozess für PhKe kompatibel ist und auch die e^--Beam zur Strukturierung verwendet. Es wurden flache Vertiefungen an die spätere Position der Quantenpunkte durch eine Kombination von Elektronenstrahlbelichtung und Ätzverfahren eingebracht. Diese wurden mit einer GaAs-Pufferschicht überwachsen und danach wurde InAs aufgewachsen, welches an den Vertiefungen zu Quantenpunkten nukleierte. Die Quantenpunkte wachsen auf nicht strukturiertem Material im Stranski-Krastanov-Modus wie diskutiert an beliebigen Positionen und in keinem erkennbaren Muster, da sie an zufälliger Stelle Nukleationskeime finden. Durch das Einbringen von flachen Löchern werden den Quantenpunkten verschiedene GaAs-Facetten und Ecken angeboten, die als Nukleationskeime dienen. Durch diese Strukturierung wird das chemische Potential an der Oberfläche variiert und dies erlaubt den Indium- und Arsenatomen ihre Energie an räumlich begrenzten Regionen auf der Oberfläche zu minimieren [93]. Wird das InAs knapp an der kritischen Schichtdicke aufgebracht und die Migrationslänge der Indiumatome auf der Oberfläche maximiert, dann bilden sich Quantenpunkte auf strukturiertem Material bevorzugt an den künstlichen Nukleationskeimen. Auf geeignet strukturiertem Material entstehen so geordnete Quantenpunktfelder.

Bevor auf die Details der Herstellung von deterministisch gekoppelten Quantenpunkt-Resonatorsystemen eingegangen wird, soll noch ein anderes Verfahren [94, 95] angesprochen werden, mit dem es möglich ist, optische Resonatoren gezielt mit einem Quantenpunkt zu koppeln. Allerdings wird in diesem Verfahren ein anderer Ansatz verfolgt, da die Quantenpunkte dabei nicht in einem bestimmten Muster gewachsen werden, sondern nach herkömmlichem Stranski-Krastanov-Wachstum, also insbesondere an zufälliger Position. Die Quantenpunkte werden in sehr dünnen Dichten gewachsen und geeignete Quantenpunkte werden durch eine zusätzliche Elektronenmikroskop- oder Rasterkraftmikroskopaufnahme ausgewählt. An diesen wird räumlich nahe eine Markierung angebracht. Um das Auffinden der Quantenpunkte zu erleichtern, können im Epitaxieschritt verspannungsgekoppelte Markierungsquantenpunkte über den optisch aktiven Quantenpunkt gewachsen werden, wobei der oberste Quantenpunkt nicht überwachsen wird und dem erleichterten Auffinden dient. Die Markierungsquantenpunkte werden durch veränderte Wachstumsbedingungen zu längeren Wellenlängen verschoben, um die Resonanz nicht zu überlagern. Der oberste Markierungsquantenpunkt konnte mittels eines Elektronenmikroskops wiedergefunden werden und eine PhK-Resonator über ihm strukturiert werden [94]. In einer zweiten, ähnlich gearteten Arbeit derselben Gruppe wurde auf die Markierungsquantenpunkte verzichtet und der aktive Quantenpunkt wurde anhand einer Untersuchung mit einem Rasterkraftmikroskop gefunden [95]. Dabei wurde der Quantenpunkt nur anhand einer 1-2 nm dicken Überhöhung an der Oberfläche erkannt. Die Position wurde durch Anbringen von geeigneten Marken gekennzeichnet und anschließend wurde um diesen Quantenpunkt ein PhK-Resonator gefertigt. Diese Methode erlaubt es in der Tat einen einzelnen Quantenpunkt in einen PhK-Resonator einzubauen, allerdings unter einem derart hohen Aufwand, dass nur einzelne Modellsysteme mit dieser Methode vorstellbar sind. Durch die Auswahl von Quantenpunkten nach deren Wachstum ist es auch nicht möglich Netzwerke an Quantenpunkt-Resonatorsystemen deterministisch herzustellen, die ja gerade das Interesse an der Umsetzung von Experimenten der Kavitätsquantenelektrodynamik an Halbleitern im Gegensatz zu Atomfallen begründen.

6.3 Adressierung von Quantenpunkten

Trotz der umfangreichen Literatur zu Positionierungskonzepten für Quantenpunkte und den verschiedenen entwickelten Verfahren wur-

6.3 Adressierung von Quantenpunkten

de in keinem der zitierten Veröffentlichungen ein einzelner Quantenpunkt an vorbestimmter Position gewachsen und darauf folgend adressiert. Unter Adressieren wird das gezielte Wiederauffinden und Einbringen in ein mikroskopisches Bauteil, wie beispielsweise in einen optischen Resonator, verstanden. Um dies zu bewerkstelligen, müssen Positionen auf dem Probenstück bestimmbar sein, wozu Referenzmarken benötigt werden. Diese bestehen bei e^--Beam-Lithographieschritten auf GaAs oft aus Gold, da Gold durch seine große Sekundärelektronenausbeute einen hohen Kontrast in Elektronenmikroskopen ergibt [96, 97]. Die Verwendung von Goldkreuzen war in diesem Fall nicht erwünscht, da die Probe später, um die Quantenpunkte aufwachsen zu können, in die MBE wiedereingeschleust werden musste. Dabei wurde eine Kontaminierung der Anlage mit Gold befürchtet. Das Verhalten von Gold beim Überwachsen mit GaAs ist nicht trivial und kann beispielsweise zum Wachstum von stehenden Nanodrähten führen [98]. Die Reinheit des gesamten Prozesses vor dem Wiedereinschleusen in die Anlage stellt einen zentralen Schwerpunkt für die Prozessentwicklung dar. Es wurde deswegen eine optisch-lithographische Strukturierung gewählt, die hauptsächlich mit Schritten, die auch für die spätere Herstellung der PhKe Verwendung finden, zu bewerkstelligen ist. Der einfachste Weg wäre es dabei, Muster als Referenzmarken, typischerweise in Kreuzform, in das Halbleitermaterial zu ätzen. Dies hat den Vorteil, dass nur relativ wenig Hableitermaterial abgetragen werden muss und dass die später zu überwachsenden Bereiche nicht angegriffen werden. Der Prozess soll allerdings nicht nur mit der Herstellung von PhK-Resonatoren, sondern auch mit der Herstellung von Bragg-Resonatoren in Säulenform kompatibel sein. Diese bestehen aus 2 bis 4 µm dicken Spiegeln, wobei die Quantenpunkte sich zwischen den Spiegeln befinden. Die Referenzmarken sollen also nach Aufwachsen einer bis zu 4 µm dicken Materialschicht noch detektierbar sein. Dies ist unwahrscheinlich für geätzte Gräben in µm Breite, da diese zumindest teilweise vom Rand her überwachsen würden und durch die begrenzte Tiefe möglicherweise aufgefüllt würden. Anstatt die Referenzmarken zu ätzen, wurde der umgekehrte Weg verfolgt und der restliche Wafer wurde geätzt, so dass die Referenzmarken aus der Waferebene herausstehen. Der geätzte Bereich ist in Abb. 6.6 weiß dargestellt und kann mehrere µm tief sein. Sowohl bei trocken- als auch nasschemischem Ätzen entsteht dabei ein rauer Untergrund neben den Referenzmarken, auf dem ein positioniertes Wachstum von Quantenpunkten nicht möglich ist. Daher wurden für den gleichen Ätzschritt Mesen definiert, die wie die Marken aus der Waferebene herausragen und auf denen später die positionierten Quantenpunkte aufgewachsen wurden. Diese Variante erlaubt es, die Tiefe der Referenzmarken fast beliebig zu vergrößern, und erreicht damit auch bei Überwachsschritten mit viel Material ein gutes Kontrastverhältnis bei der Detektion. Erste Untersuchungen dazu waren vielversprechend, allerdings liegt in dieser Arbeit das Augenmerk auf der Herstellung von zweidimensionaler PhKen, weswegen hier keine weiteren Einzelheiten zu diesem Thema diskutiert werden.

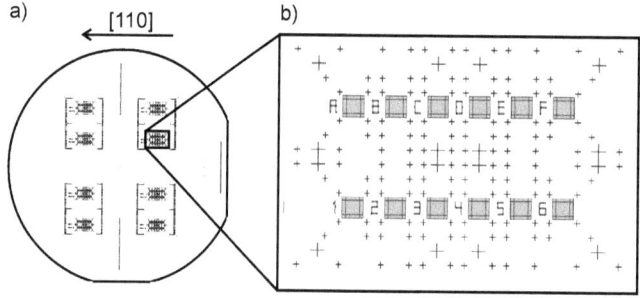

Abbildung 6.6: *a) Gesamte Mesen- und Markenstruktur auf einem 2 Zoll Wafer. b) Detailansicht der zur Ausrichtung verwendbaren Marken.*

Das Design der verwendeten Maske zur optischen Belichtung auf einem 2-Zoll Wafer ist in Abb. 6.6 gezeigt. Vor dem Quantenpunktwachstum wird dieser geviertelt, so dass vier Stücke für Vergleichsserien zur Verfügung stehen. Die Vergrößerung zeigt eine Anzahl an Referenzmarken in Kreuzform zur Bestimmung des optimalen Abstands der Kreuze untereinander und 2 x 6 quadratische Mesen. Die Mesen sind 300 µm x 300 µm groß, um ein ganzes Schreibfeld der e^--Beam (200 µm x 200 µm) aufnehmen zu können.

Abb. 6.7 zeigt den entwickelten Prozess zur Positionierung von Quanten-

6.3 Adressierung von Quantenpunkten

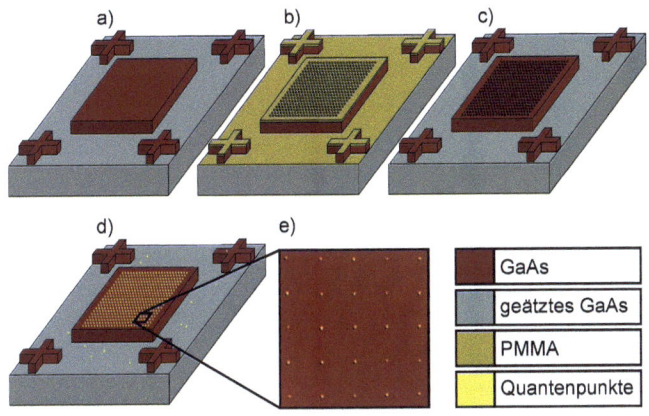

Abbildung 6.7: *Positionierungsprozess im Überblick. a) Strukurierung von Mesen und Marken. b) Belichtung der Nukleationszentren. c) Ätzen der Nukleationszentren. d) Aufwachsen der Quantenpunkte. e) Rasterkraftaufnahme eines Quantenpunkt-Gitters.*

punkten im Überblick. In Teil a) ist die Herstellung der Mesen und Referenzmarken durch optische Lithographie und Ätzverfahren gezeigt, in Teil b) die Lochmusterbelichtung in PMMA, in Teil c) das geätzte Lochmuster und in Teil d) die positionierten Quantenpunkte. Das rechteckige Bild ist eine Rasterkraftaufnahme eines hergestellten Quantenpunktfeldes. Die einzelnen Schritte werden im Folgenden besprochen.

Der zu verarbeitende 2-Zoll Wafer wird in einem ersten MBE-Schritt mit einem 300 nm dicken GaAs-Puffer und der ungefähr 1 µm dicken AlGaAs-Opferschicht bewachsen. Auf diese folgt eine 80 nm dicke GaAs-Schicht, also der halbe Schichtwellenleiter. Mesen und Marken werden in ARU 3040 Lack mit 1 µm Dicke optisch strukturiert. Die Strukturen werden nasschemisch in $H_2O : H_2O_2 : H_2SO_4$ (50:4:2) für 60 s geätzt, was einer Ätztiefe von 1 µm entspricht. Die Ätzflanken sind durch das nasschemische Ätzverfahren leicht abhängig von der Richtung des Kreuzarmes auf der Probenoberfläche. Um den optischen Lack zu entfernen, wird dieser anschließend chemisch aufgelöst. Das nasschemische Ätzen schließt eine Beschädigung der Probenoberfläche durch den Ionenbeschuss in alternativen Trockenätzschritten aus und schließt auch aus, dass SiO_2-Reste einer dann eventuelle benötigten Ätzmaske auf der Probe zurückbleiben.

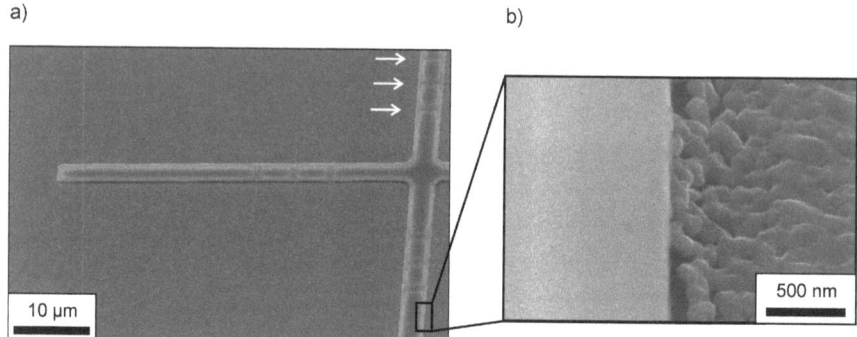

Abbildung 6.8: *a) Ausschnitt aus kreuzförmiger Marke. b) Detailansicht der Markenflanke.*

Abb. 6.8 zeigt eine zur Ausrichtung verwendete Ätzmarke nach Abschluss des gesamten Prozesses. Man erkennt auf jedem Arm drei Linien (in der Abbildung für den oberen Arm durch drei Pfeile hervorgehoben), die durch die unvermeidbare Belichtung bei der Markendetektion stammen und zum Durch- und Unterätzen des Schichtwellenleiters führen. Selbst nach Abschluss des gesamten Prozesses, also insbesondere nach dem Aufwachsen der zweiten Hälfte des Schichtwellenleiters, ist die Qualität der Flanken noch sehr gut, was in der Vergrößerung zu erkennen ist. Der raue Untergrund neben den Marken stammt von den Ätzschritten zur Markenherstellung, da hier bis in die Pufferschicht unter der Opferschicht geätzt wird.

Zur Definition des Lochmusters wurde die Probe mit 100 nm PMMA belackt und in der e^--Beam mit nominell 10 nm großen Löchern relativ zu den Marken strukturiert. Die Ausrichtung an den kreuzförmigen Marken erfolgt dabei durch mehrfache Linienabtastung des Elektronenstrahls über einen Kreuzarm. Daraus ergibt sich ein typisches Kontrastmuster mit zwei Spitzen an der Position der Markenflanken, aus dem sich die Mitte des Arms bestimmen lässt. Derartige Linienabtastungen werden für alle vier Kreuzarme durchgeführt und so der Mittelpunkt der Referenzmarke be-

6.3 Adressierung von Quantenpunkten

stimmt. Aus der Messung von drei Kreuzen lässt sich ein Koordinatensystem auf der Probenoberfläche aufziehen. Sollte eine Marke nicht gefunden werden oder beschädigt sein, kann die vierte Marke verwendet werden, was vor allem die automatisierte Detektion vereinfacht. Die Löcher des Vorstrukturierungsgitters sind in 200 µm × 200 µm Feldern angeordnet, mit Gitterkonstanten zwischen 200 nm und 2 µm. Dabei sind für die späteren Experimente die ausgedünnten Felder mit großer Gitterkonstante vorteilhaft. Bei dem Gitter handelt es sich um ein einfach rechtwinkliges Gitter, wobei auch andere Gitterformen möglich wären und beispielsweise ein hexagonales Gitter sich gut auf den PhK abstimmen lässt.

Die Löcher wurden in einem extrem kurzen Trockenätzprozess mit sehr kleinen Leistungen in der ECR 35 nm tief in den Halbleiter geätzt, wobei der Elektronenlack direkt als Ätzmaske verwendet wurde. Die Ätztiefe kann an den Löchern nicht direkt bestimmt werden und deswegen wird als Abschätzung die Tiefe der größeren Markierungszeichen am Mesenrand verwendet. Durch ihre größere Ausdehnung ätzen diese tendenziell mit höherer Ätzrate, die angegebenen Ätztiefen sind also Höchstwertabschätzungen. Die niedrigen Leistungen sollten Plasmaschäden an dieser hochsensiblen Stelle minimieren. Um sie ganz ausschließen zu können, wurden in einem alternativen Verfahren die Löcher nasschemisch durch 30 s in $H_2O : H_2O_2 : H_2SO_4$ (1200:8:1)-Lösung geätzt. Dieser isotrope Ätzschritt unterätzt den Elektronenlack und dies führt zu Löchern mit größerer Ausdehnung. Daher sind nasschemisch geätzte Löcher in dieser Arbeit tendenziell größer als ihre trockenchemisch hergestellten Pendants gleicher Ätztiefe. Die Probe wurde direkt vor dem Einbau in die MBE chemisch gereinigt. Dazu wurden zuerst durch 1-Methyl-2-Pyrrolidon und danach durch ein 3 minütiges Bad in hochprozentiger Schwefelsäure organische Reste entfernt. Nach Abspülen der Schwefelsäure durch Reinstwasser wurde das Oxid auf der Probe entfernt. Dies geschah entsprechend zu Abschnitt 3.3 durch 18,5%ige Salzsäure, wobei die Probe für 2 min in der Säure verblieb. Nach erneuter gründlicher Reinigung mit Reinstwasser und Trocknung im Stickstoffstrom wurde die Probe in die MBE eingebaut.

In der Ladekammer wurde das durch den nicht vermeidbaren kurzen Luftkontakt mittlerweile neugebildete Oxid durch Behandlung mit atomarem

Wasserstoff entfernt [99, 93]. Zur Erzeugung desselben diente eine Wasserstoffplasmaquelle von Oxford Scientific. Die Behandlung dauerte 30 min und wurde bei einer Probentemperatur von 360-400° C durchgeführt. Danach wurde ein 12 nm dicker GaAs-Puffer zur Glättung der Probe aufgewachsen. Das Überwachsen der Probe führt zum Vergrößern der Löcher in [110]-Richtung. Abb. 6.9 zeigt eine Messreihe für verschiedene Pufferdicken, wobei die Löcher tiefer und damit auch größer geätzt wurden als im tatsächlichen Prozess, damit auch für hohe Pufferdicken das Loch noch sichtbar bleibt. Man erkennt, dass die Löcher in [110]-Richtung größer werden und in der dazu senkrechten Richtung langsam zuwachsen. Eine derartige Vorzugsrichtung kann beim folgenden Quantenpunktwachstum längliche Quantenpunkte erzeugen, was zu einer polarisierten Emission führt.

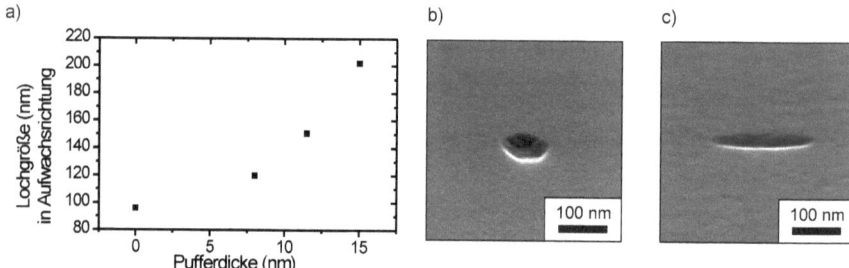

Abbildung 6.9: *a) Lochgröße als Funktion der Pufferdicke. b) Loch ohne Puffer. c) Loch nach Aufwachsen eines 15 nm dicken Puffers.*

Die Quantenpunkte werden aus InAs mit einer nominellen Schichtdicke von 0,77 nm gebildet. Um die Migrationslänge von Indium auf der Substratoberfläche zu maximieren, wird diese auf einer für das Indium hohen Wachstumstemperatur von 530° C gehalten und das Indium mit niedrigen Raten aufgebracht. Die Migrationslänge ist entscheidend, damit sich die Quantenpunkte tatsächlich an den vordefinierten Nukleationskeimen bilden und nicht an zufälliger Position an Zwischengitterplätzen. Sie wird durch die maximal erreichte Periodenlänge des Quantenpunktgitters, bei welchem noch eine hohe Ausbeute an positionierten Quantenpunkten

6.3 Adressierung von Quantenpunkten

erreicht wurde, auf 3 µm abgeschätzt. Einige der Proben wurden zu Charakterisierungszwecken nach dem Quantenpunktwachstum aus der MBE entnommen, die anderen wurden mit der zweiten Hälfte des Wellenleiters überwachsen. Für weitere Details zur Epitaxie wird auf die zitierte Literatur verwiesen [100, 93, 101].

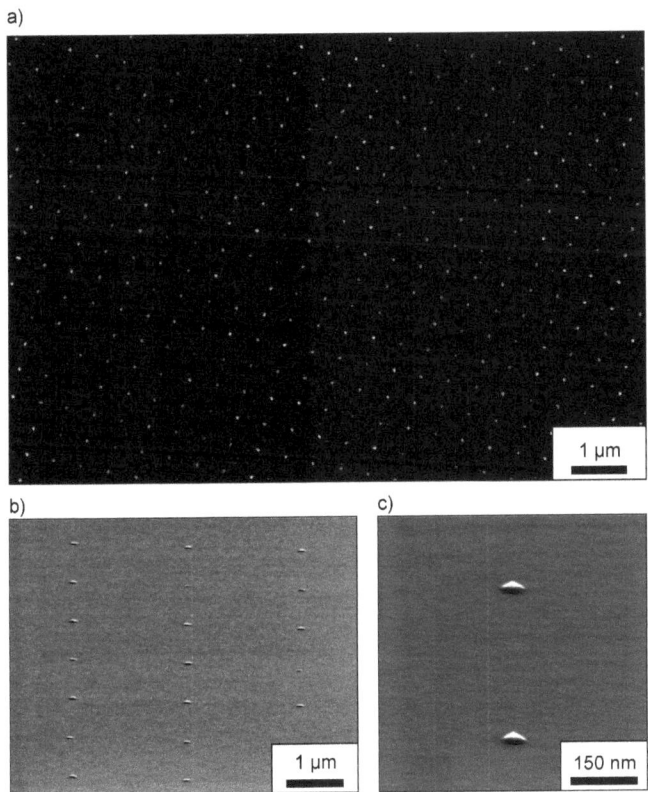

Abbildung 6.10: *a) Feld von Nukleationszentren markiert durch Goldabscheidung. b) Feld mit Quantenpunkten. c) Detailansicht zweier positionierter Quantenpunkte.*

Abb. 6.10 zeigt im oberen Teil das durch die Belichtung hergestellte Lochgitter. Um das Ausmessen im Elektronenmikroskop zu vereinfachen wurden hier keine Löcher geätzt, sondern Gold aufgedampft und der Elektronenlack dann entfernt. Auf diese Weise bleiben statt leichten Vertiefungen wenige Nanometer hohe Goldhäufchen auf der Probe zurück, welche einen höheren Kontrast im Elektronenmikroskop ergeben. Dies wiederum erlaubt es, Abbildungen wie diese in großem Maßstab zu fertigen, auf denen noch die einzelnen, späteren Quantenpunktplätze zu erkennen sind und so die Parallelität des Ansatzes zu demonstrieren. Der untere Teil der Abbildung zeigt positionierte Quantenpunkte. Auffallend ist die erreichte hohe Ordnung; es sind keine doppelten Quantenpunkte und auch keine unbesetzten Gitterstellen zu erkennen. Das rechte Bild zeigt noch einmal zwei Quantenpunkte diesmal in hoher Vergrößerung.

Die Ausrichtung der PhKe im noch ausstehenden, letzten Arbeitsschritt erfolgt an denselben Referenzmarken wie die Ausrichtung des Lochfeldes, um zu gewährleisten, dass Abweichungen von der Idealform der Marken einen minimalen Einfluss haben. Die weitere Prozessierung erfolgte wie in Kapitel 3 beschrieben. Beim Unterätzen der PhKe ist zu beachten, dass die Referenzmarken aufgrund der ungeschützten Flanken schnell unterätzt werden und die schmalen Referenzmarken abheben können. Die Mesen sind wiederum so breit umrandet, dass das Unterätzen hier keine Rolle spielt.

Die Adressiergenauigkeit einzelner Quantenpunkte soll erst im nächsten Kapitel besprochen werden, trotzdem ist schon klar, dass sich Quantenpunkte in einem derart dünnen Lochgitter gut vereinzeln lassen sollten. Dies ermöglicht eine erste Demonstration der erfolgten Positionierung von überwachsenen Quantenpunkten und lässt Einzelquantenpunkt-Experimente zu. Um dies zu erreichen wurden mit der e$^-$-Beam runde Türmchenstrukturen mit einem Durchmesser von 500 nm und einem Abstand von 8 µm untereinander über die Position der Quantenpunkte geschrieben und nasschemisch geätzt, so dass die Quantenpunkte deutlich vereinzelt wurden. Als Substrat wurde GaAs-Material ohne Opferschicht verwendet. Die Türmchen sind in Abb. 6.11 gezeigt und nur 150 nm tief geätzt, was allerdings reicht, um Quantenpunkte, die nicht in einem Türmchen liegen, zu entfernen. Der Abstand der Türmchen wurde so gewählt, dass in µPl-Experimenten mit einer Fokusgröße des Anregungslasers von 3 µm jeweils

6.3 Adressierung von Quantenpunkten

nur ein Türmchen im Fokus liegt und bei erfolgreicher Positionierung auch nur ein Quantenpunkt angeregt wird.

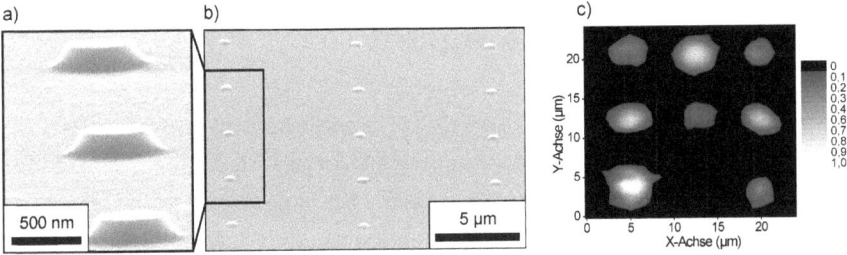

Abbildung 6.11: *a) Drei Türmchen, die jeweils einen Quantenpunkt im Zentrum haben. b) Feld von Türmchen. c) µPl-Karte eines 3×3-Feldes von Türmchen.*

In der Tat zeigt Abb. 6.11 Teil c) eine µPl-Karte, die durch Verschieben des Laserfokuses relativ zur Probe erzeugt wurde. Dabei wurde die Probe in einem Raster von 1 µm abgefahren und die jeweilige Pl-Intensität aufgezeichnet. Man erkennt, dass von 8 der 9 im Messbereich liegenden Türmchen Pl-Signal aufgezeichnet wurde. Das in der Karte fehlende Türmchen hatte vermutlich keinen Quantenpunkt an der gewünschten Position. Aus den für jedes Türmchen gemessenen Spektren ergibt sich, dass trotz des relativ großen Türmchendurchmessers keine nicht positionierten Quantenpunkte im Türmchenbereich liegen, da die Pl aller Türmchen wie erwartet auf jeweils einen einzelnen Quantenpunkt zurückgeführt werden konnte. Die Linienbreiten der exzitonischen Übergänge wurde exemplarisch für 20 Quantenpunkte an einer anderen Probe ausgewertet und bewegt sich im Bereich 1,46 meV $\pm$ 0,46 meV. Auf die möglichen Gründe der breiteren Übergänge wird später eingegangen. Die Polarisation einzelner Exzitonlinien zeigt eine leichte Vorzugsrichtung in [110]-Richtung in einem Verhältnis von 2 : 3. Dies entspricht der Richtung der Verlängerung der Nukleationslöcher und wird auf eine leichte Verlängerung der Quantenpunkte in dieser Richtung zurückgeführt. Dieses Verfahren zeigt, dass mit Hilfe der bisher erreichten Positionierung fast beliebig dünne Quantenpunktgitter erzeugt werden können, die ihre Anwendung in der Herstellung von Einzelphotonenquellen haben könnten.

6.4 Adressiergenauigkeit

Nach dem grundsätzlichen Beweis zur Positionierung und Adressierbarkeit eines einzelnen Quantenpunkts lässt sich nach den Grenzen der räumlichen Adressiergenauigkeit fragen. Wie eingangs erwähnt, werden in der Halbleiterstrukturierung oft Goldkreuze [97] aufgrund ihres hohen Kontrasts zur Detektion verwendet. Um die lithographisch erzeugten Referenzmarken qualitativ zu überprüfen, wurde an beiderlei Art Marken Positionierungsexperimente durchgeführt und die Ergebnisse verglichen. Im ersten Experiment wurden verschiedene kreuzförmige Marken per e^--Beam in den Elektronenlack auf der Probe geschrieben. Zusätzlich wurde in der Probenmitte ein Fingermuster zur Bestimmung der Positionierungsgenauigkeit angelegt. Nach dem Entwickeln wurden 5 nm Chrom als Haftvermittler und danach 50 nm Gold aufgedampft und der restliche Lack entfernt, so dass das belichtete Muster als Goldspur auf der Probenoberfläche zurück blieb. Danach wurde die Probe wiederum belackt und in die e^--Beam eingebaut. Diese richtete nun ihr Schreibfeld an den im ersten Schritt geschriebenen Goldmarken aus und schrieb eine zweite, zur ersten komplementäre Skala in den Lack, welche danach auch vergoldet wurde. Beispiele für die Skalen sind in Abb. 6.12 zu sehen.

Als erstes wurden verschiedene Abstände zwischen den Marken untereinander und damit auch zum Schreibfeld gewählt. Dabei befand sich das Schreibfeld immer im Zentrum des von den Marken aufgespannten Quadrats (vgl. Teil b) in Abb. 6.12). Zum einen wird ein Fehler durch einen verformten Markenarm bei größeren Abständen kleiner gemittelt, auf der anderen Seite könnte die e^--Beam einen Fehler auf dem Weg zwischen zwei Marken aufsummieren, was für größere Abstände zu einem größeren Fehler führen würde. Dies könnte beispielsweise ein richtungsabhängiger Fehler in der Zählung der gefahrenen Nanometer sein, ausgelöst durch einen sich bewegenden Spiegel des Laserinterferometers. Es stellte sich jedoch

6.4 Adressiergenauigkeit

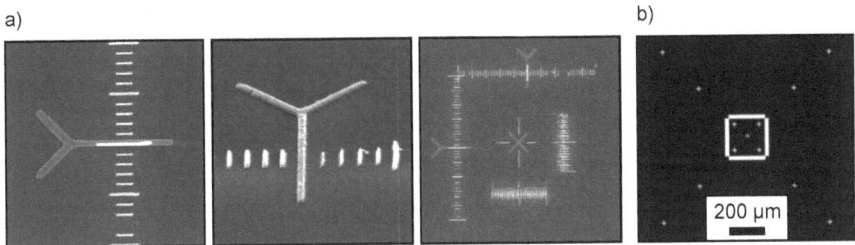

Abbildung 6.12: *a) Goldskalen zum Bestimmen der Adressiergenauigkeit. b) Marken in verschiedenen Entfernungen zum Zentrum in einer optischen Mikroskopaufnahme.*

heraus, dass die Adressierbarkeit unabhängig vom Abstand der Kreuze ist. Dies wird zum einen auf die erwartungsgemäß hohe Qualität der Goldmarken zurückgeführt und andererseits liegt offenbar kein signifikanter Verfahrfehler in diesem Fall vor. Zusätzlich wurden für einen jetzt festen Abstand der Marken von 600 µm 50 Skalen geschrieben und untersucht. Dabei wurde ein kleiner Markenabstand gewählt, um die Bearbeitungszeit der Probe in der e⁻-Beam gering zu halten. Die Werte streuen in X-Richtung mit einer Standardabweichung von 38 nm und in Y-Richtung von 46 nm. Diese Werte können als Adressiergenauigkeit der e⁻-Beam für den optimalen Fall, also an elektronisch belichteten Goldkreuzen, festgehalten werden.

Desweiteren wurden zum Vergleich Kreuzmarken mit optischer Lithographie wie beschrieben erzeugt und an diesen die Ausrichtung in der e⁻-Beam vorgenommen. Dabei wurde in zwei aufeinanderfolgenden Belichtungschritten kleine Vertiefungen und Kreuzstrukturen aufgebracht, um die relative Verschiebung zwischen beiden messen zu können, wie sie im späteren Prozess auftritt. Durch die zeitsparende optische Belichtung der Marken entstehen an deren Kanten Rauigkeiten, die eine Fehlerquelle darstellen. Diese Rauigkeiten sind statistisch verteilt und können durch mehrfache Detektion an unterschiedlichen Stellen ausgemittelt werden. Um dies zu überprüfen, wurde eine Marke detektiert, danach der Proben-

Schlitten verfahren und die Marke wieder detektiert. Für jeweils dreifache Detektion pro Arm wurde eine Standardabweichung der ermittelten Position von ungefähr 9 nm festgestellt, was sich für siebenfache Detektion pro Arm auf einen Fehler von 7 nm reduzierte. Die Detektionsgrenze für direkt aufeinanderfolgende Messungen an derselben Position ist 5 nm. Dabei wurde der Probenschlitten nicht bewegt und die Detektion an derselben Stelle des Markenarms vorgenommen, also fand hier keine Mittelung über die Rauigkeiten der Markenflanke statt und dieser Wert ist die absolute Grenze der Genauigkeit für die Markenbestimmung. All diese Fehler sind klein im Vergleich zum obigen, absoluten Anfahrfehler und daher wurde eine zeitoptimierte, dreifache Mittelung gewählt.

Zusätzlich wurden von einer Marke ausgehend jeweils Rechtecke mit unterschiedlichen Seitenlängen gefahren und am Ausgangspunkt die Position der Startmarke bestimmt. Für unterschiedliche Seitenlängen ergaben sich dabei Positionierungsfehler, die linear stiegen, allerdings mit unterschiedlichen Steigungen. Dieser Fehler besteht aus einer Kombination von Drift und möglicherweise einer fehlerhaften Wegberechnung oder Rotationsberechnung in der Ansteuerung. Er überträgt sich in die Schreibfeldskalierung und damit auch in die Adressierung in einem Schreibfeld, so dass Abweichungen von bis zu 200 nm entstehen können. Um diese Fehlerkomponenten zu minimieren, wurde der Schreibvorgang zeitoptimiert und räumlich nahe Referenzmarken verwendet. Die kürzere Zeitdauer schlägt sich in einer geringen Drift des Probenhalters nieder und die nahen Referenzmarken bedeuten geringe Verfahrwege und damit auch einen geringeren Hebel für die Wegberechnung. Zusätzlich wurden in jedem Belichtungsschritt dieselben Marken verwendet und diese in der gleichen Reihenfolge und damit auf denselben Wegen angefahren. Auf diese Weise konnte die Adressiergenauigkeit der verwendeten e^--Beam auf 50 nm gesteigert werden. Dieser Wert ist abhängig von der verwendeten Anlage und gilt streng genommen auch nur für diese, zeigt jedoch die generelle Machbarkeit, Strukturen mit Toleranzen im Nanometerbereich zu adressieren.

Ein Unterschied zwischen der Detektion von Marken zum Schreiben des Lochfeldes und jener zum Schreiben des optischen Resonators kann allerdings nicht vermieden werden: Vor dem zweiten Belichtungsschritt werden

6.4 Adressiergenauigkeit

Puffer, Quantenpunkte und die zweite Hälfte des Schichtwellenleiters aufgewachsen. Dabei handelt es sich um weniger als 100 nm Halbleitermaterial. Tatsächlich konnte bei Untersuchungen mit dem Elektronenmikroskop kein signifikanter Unterschied wie beispielsweise ein bevorzugtes Aufwachsen in einer Kristallrichtung festgestellt werden und folglich wurde auch kein Unterschied in der Markendetektion beobachtet. Dies wird vor allem auf die geringe Menge des abgeschiedenen Materials zurückgeführt. Es bleibt abzusehen, wie sich das System für die größeren Materialdicken im Falle von Braggresonatoren verhält.

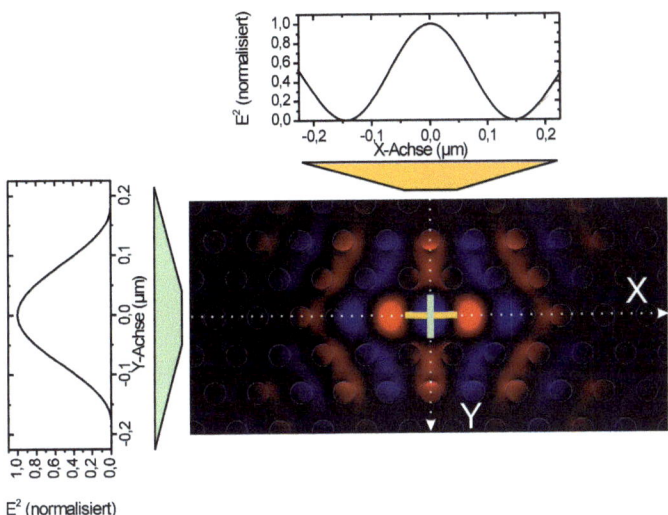

Abbildung 6.13: *Modenverteilung (E_x) eines L3h. Die Schnitte zeigen jeweils das quadrierte elektrische Feld (E^2) im Kavitätszentrum entlang der farblich markierten Linien.*

Die Qualität der erreichten Positionierung lässt sich nur relativ zur Größe der optischen Mode bewerten. Typischerweise soll der Quantenpunkt mit dem Feldmaximum überlappen und jede Abweichung von der Zielposition führt zu einer Reduktion dieses Überlaps. Um eine Abschätzung der nötigen Genauigkeit bei der Positionierung zu erhalten, wurde das elektrische Feld für einen L3h per FDTD simuliert. Der Resonator ist für InAs-Quantenpunkte mit einer Emissionswellenlänge bei 1100 nm ausgelegt.

Die vorrangige E_x-Komponente ist in Abb. 6.13 zusammen mit Schnitten entlang des Resonators und senkrecht dazu dargestellt. Die Schnitte zeigen jeweils das quadrierte elektrische Feld relativ zum Feld im Resonatorzentrum. An den Querschnitten und auch an der Modenverteilung erkennt man, dass das Hauptmaximum im Zentrum stärker entlang des Resonators als quer dazu gebündelt ist. Folglich ist dies auch die für die Positionierung kritischste Richtung. Für einen Abstand von 50 nm in dieser Richtung reduziert sich $\mathbf{E}^2$ auf 72% von seinem Maximalwert im Zentrum des Resonators. Dieser Wert überträgt sich direkt auf den Purcellfaktor, der nach Gleichung 2.31 mit demselben Faktor skaliert. Folglich ergeben sich selbst für Quantenpunkte, die 50 nm in der kritischsten Richtung aus dem Resonatorzentrum entfernt sind, und moderate Güten um 2000 noch hohe Purcellfaktoren über 100. Quantenpunkte, die 50 nm in einer zufälligen Richtung aus dem Zentrum ausgelenkt sind, haben folglich in der Regel einen besseren Überlapp als die obige Abschätzung. Damit werden für die erzielte Adressiergenauigkeit gute Kopplungswerte erreicht.

6.5 Kontrollierte räumliche Kopplung

Mit den Methoden der vorhergegangenen Unterkapitel befindet man sich nun technisch in der Lage, optische Resonatoren mit räumlich gekoppelten Quantenpunkten gezielt herzustellen. Um die Addressierbarkeit aufzuzeigen, wurden zuerst Oberflächenquantenpunkte gewachsen, also die Quantenpunkte nicht durch die zweite Hälfte des Wellenleiters überdeckt. Im zweiten e^--Beam-Arbeitsschritt wurde ein PhK-Resonator mit den Methoden aus Kapitel 3 gefertigt und dabei sein Zentrum mit der Position eines Quantenpunkts abgestimmt. Ein Beispiel dafür ist in Abb. 6.14 in verschiedenen Vergrößerungen zu sehen. Dabei zeigt Teil a) deutlich den einzelnen Quantenpunkt im Zentrum eines PhK-Resonators. Für die Darstellung in Teil b) wurde ein größerer Maßstab gewählt, so dass nun auch andere Quantenpunkte des Vorstrukturierungsgitters zu erkennen sind. Die beiden Quantenpunkte links und rechts der Kavität fehlen, da dort PhK-Löcher geätzt wurden, während die anderen Quantenpunkte

6.5 Kontrollierte räumliche Kopplung

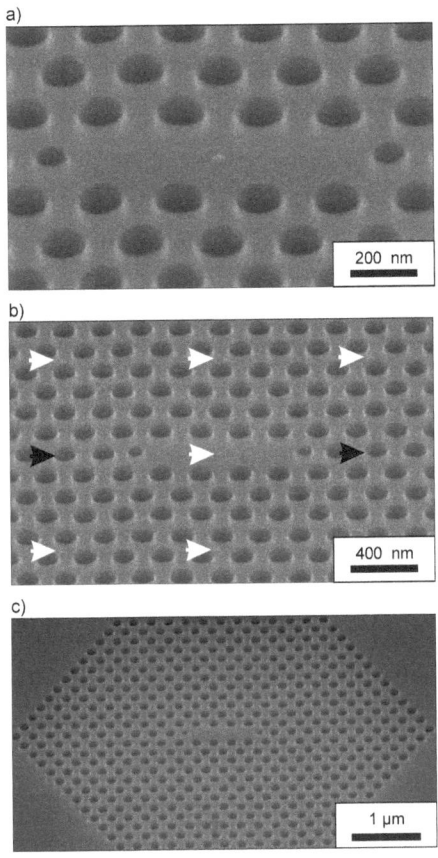

Abbildung 6.14: *a) Kavität mit Quantenpunkt im Zentrum. b) Feld von Quantenpunkten über dem PhK-Resonator. c) Ganzer PhK-Resonator.*

alle zu erkennen sind. In Teil c) ist der ganze Resonator abgebildet, allerdings lässt es die Vergrößerung nicht mehr zu, die Quantenpunkte eindeutig zu erkennen.

Auf einem Vorstrukturierungsfeld können je nach Abstand der Resonatoren untereinander ungefähr 15 x 15 Resonatoren erzeugt werden. Die

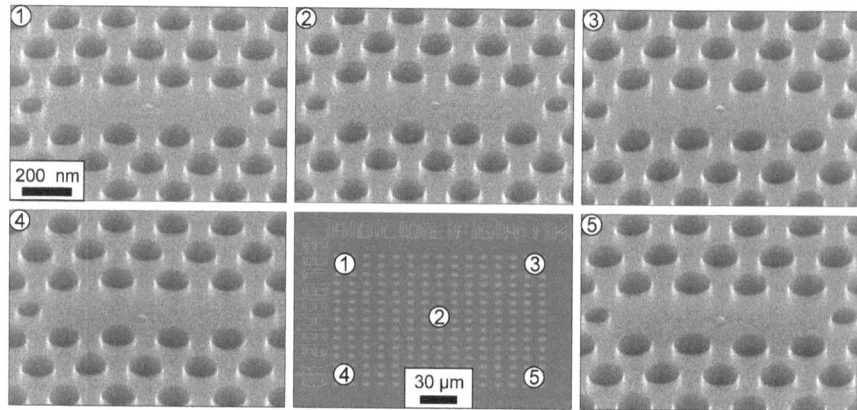

Abbildung 6.15: *Feld von PhK-Resonatoren mit positionierten Quantenpunkten. Auf der ganzen Mesa ist die Positioniergenauigkeit besser als 50 nm.*

gezeigte Abbildung eines Quantenpunkts im Resonator stammt dabei aus dem Zentrum des Feldes. Wie sieht andererseits die Abweichung am Rand des Feldes aus, wo Verzerrungen innerhalb eines Schreibfeldes am deutlichsten werden? Dazu wurden weitere Elektronenmikroskopaufnahmen gemacht. Abb. 6.15 zeigt in der Mitte der unteren Zeile einen Überblick des Resonatorfeldes. Zusätzlich wurden Aufnahmen von Resonatoren in allen vier Ecken gemacht. Man erkennt in den jeweiligen Aufnahmen, dass die Übereinstimmung von Quantenpunkt zu Kavitätsmitte sehr gut ist. Resonator 4 zeigt die größte Abweichung, obwohl auch hier der Quantenpunkt unter der Grenze von 50 nm radialem Abstand bleibt. Bei allen untersuchten Resonatoren ist die Position des Quantenpunktgitters in der Kavitätsmitte durch einen Quantenpunkt besetzt. In einem von 20 untersuchten Fällen bildeten sich zwei Quantenpunkte aus. Andererseits wurden keine Quantenpunkte im Bereich der Kavitäten außerhalb des Lochgitters gefunden. Zusammenfassend sind die Forderungen an die Positionierbarkeit und Addressierbarkeit erfüllt worden.

Die Qualität eines optischen Systems misst sich allerdings nicht an Elektronenmikroskopaufnahmen, sondern an seinen optischen Eigenschaften.

6.5 Kontrollierte räumliche Kopplung

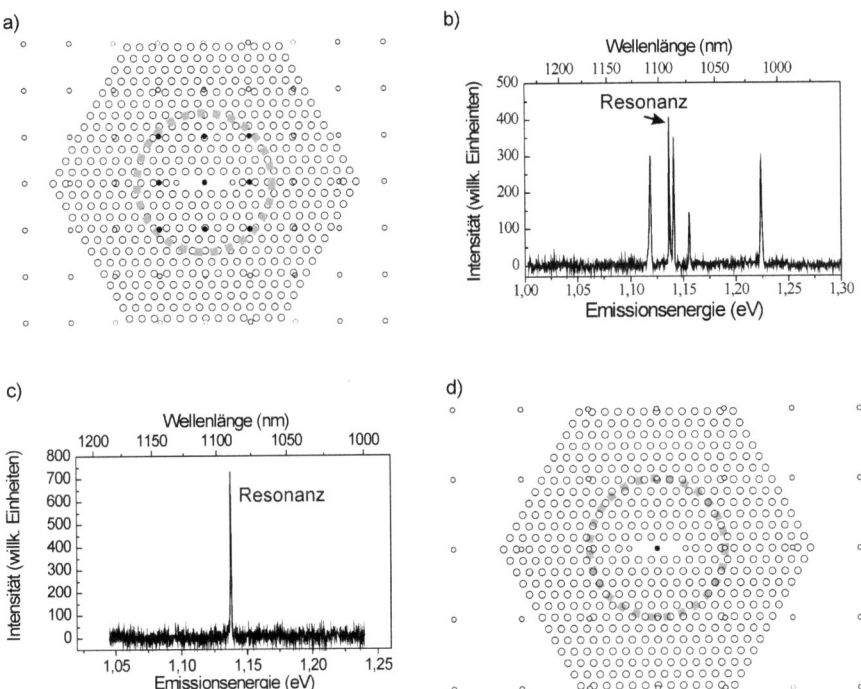

Abbildung 6.16: a) *Resonator mit unterlegtem 1,0 μm-Quantenpunktfeld. Zusätzlich wurde die Größe des Laserfokuses auf der Probenoberfläche angedeutet. b) μPl-Messung für den Resonator aus a). Die Zahl der beobachteten Übergänge stimmt mit der erwarteten Anzahl überein. c) μPl-Messung für den Resonator aus d). d) Resonator mit unterlegtem 1,5 μm-Quantenpunktfeld.*

Zur optischen Charakterisierung wurden Proben mit überwachsenen InAs--Quantenpunkten hergestellt und diese am μPl-Messplatz untersucht. Die Lumineszenz der Exzitonen liegt um 1100 nm. Die tatsächliche Qualität der Positionierung ist dabei natürlich nicht mehr direkt beobachtbar, soll aber durch Pl-Experimente nahegelegt werden.

Abb. 6.16 zeigt im oberen Teil die Überlagerung von Quantenpunktgitter, PhK-Resonator und Laserfokus. Der Laserfokus ist auf der Probe für kleine Anregungsleistungen ungefähr 3 μm groß und ist in der Abbildung durch eine dick gestrichelte Linie umrandet. Quantenpunkte in ihm sind schwarz ausgefüllt, während Quantenpunkte die außerhalb des Laserfokuses liegen, hellgrau gezeichnet sind. Durch die PhK-Löcher werden einige Quantenpunkte entfernt. Andere Quantenpunkte liegen sehr nahe an diesen Löchern, so dass sie vermutlich ebenfalls optisch nicht aktiv sind. Man erkennt in der Abbildung, dass bei perfekter Ausrichtung des PhKs auf das gezeigte 1 µm Quantenpunktgitter und bei sehr kleiner Quantenpunktausdehnung 7 Exzitonenübergänge zu beobachten sein sollten. Für eine realistischere Ausdehnung und einen maximalen Positionierungsfehler von 50 nm würden einige der Quantenpunkte von PhK-Löchern angeschnitten und damit optisch inaktiv. Somit sollten je nach Positionierungsqualität und Quantenpunktgröße 4-7 Exzitonenlinien beobachtbar sein. In der Tat zeigt eine Messung eines Resonators mit der gleichen Gitterkonstanten und dem gleichen Füllfaktor 5 Übergänge, von denen eine der Resonanz zugeordnet wird. Im unteren Teil der Abbildung wird dieselbe Abschätzung für ein 1,5 µm Quantenpunktgitter unternommen. Hier erwartet man ein bis drei Quantenpunkte und beobachtet nur einen Übergang. Dieser rührt von der Resonanz her, die in diesem Fall gerade mit dem exzitonischen Übergang spektral übereinstimmt. Aus diesen und ähnlichen nicht gezeigten Messungen lässt sich schließen, dass sich die erwartete Anzahl an Quantenpunkten im Laserfokus befindet und das wiederum legt nahe, dass es sich um positionierte Quantenpunkte handelt und dass sich wenige oder keine Quantenpunkte auf Zwischengitterplätzen befinden.

Die Güten der beobachteten Resonatoren liegen auf der gesamten Probe zwischen 2000 und 3000. Damit sind sie niedriger als die an Proben ohne Positionierung, obwohl eigentlich eine Verbesserung der Güten durch die niedrigere Absorption der Quantenpunkte erwartet wird (vgl. Abb. 6.5). Vermutlich lag dies an den vielen Prozessschritten, die die Probe bis zur Fertigstellung durchlaufen muss. Schon die auf diese Probe zeitlich folgende Probe wies in der Erstcharakterisierung im Elektronenmikroskop kaum Defekte auf und zeigte auch höhere Güten. Dabei wurde das gemessene Signal mit dem Signal einer Eichlampe entfaltet [102, 103], da die Linienbreite der Resonatormode durch das zur Verfügung stehende Spektrometer

6.5 Kontrollierte räumliche Kopplung

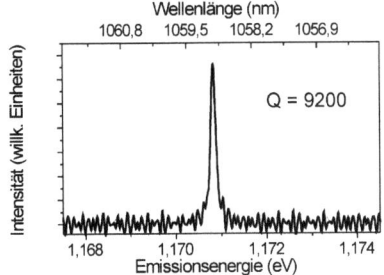

Abbildung 6.17: *Resonatormode nach dem Entfalten mit dem Signal einer Eichlampe. Die Güte beträgt 9200.*

nur auflösungsbegrenzt wiedergegeben werden konnte. Abb. 6.17 zeigt die entfaltete Messung eines Resonators, bei dem die Güte 9200 beträgt. Die Güten für Resonatoren auf positionierten Quantenpunktfeldern sind daher wie erwartet höher als die gemessenen Güten mit zufällig angeordneten Quantenpunkten für Resonatoren, die mit denselben Mitteln hergestellt wurden. Damit sind die Güten der Resonatoren auch für Experimente mit höheren Anforderungen wie beispielsweise zur starken Kopplung prinzipiell ausreichend hoch.

Die schmälsten Linienbreiten der exzitonischen Übergänge in den positionierten Quantenpunkte liegen um 800 µeV und sind damit erheblich breiter als in selbstorganisierten Quantenpunkten bei kryogenen Temperaturen. Eine mögliche Ursache hierfür ist die Nähe der geätzten Vorstrukturierungslöcher, da an dieser Grenzfläche Ladungsträger gefangen werden können. Diese geätzte Fläche ist nur 12 nm vom Quantenpunkt entfernt, während die Seitenflächen der PhK-Löcher abhängig von Position des Quantenpunkts und von der Gitterkonstanten bis zu 200 nm entfernt sein können. Je nachdem wie viele Ladungsträger dort gebunden sind, erfährt das Quantenpunktexziton ein anderes Hintergrundfeld und variiert damit seine spektrale Position. Bei der µPl-Messung wird über viele solcher Positionen gemittelt und das Exziton wirkt breiter als der Übergang tatsächlich ist. Diese Erklärung könnte durch resonante Anregung in einen höheren, gebundenen Quantenpunktzustand überprüft werden, da dann keine Ladungsträger in der Umgebung des Quantenpunkts erzeugt werden.

Alternativ kann der Abstand der Quantenpunkte von der geätzten Oberfläche epitaktisch vergrößert werden, indem mehrere Quantenpunkte verspannungsgeführt [104, 105] übereinander gewachsen werden. Das Verfahren ist schematisch in Abb. 6.18 gezeigt. Dabei wird auf trockenchemisch geätzte Vorstrukturierungslöcher ein GaAs-Puffer von 8 nm und dann InAs aufgewachsen, allerdings unter der kritischen Schichtdicke, so dass sich selbst an den geätzten Löchern keine Quantenpunkte ausbilden. Darüber wird ein Barriere von 10 nm GaAs/AlGaAs gewachsen [105] und auf diese die InAs-Quantenpunkte. Durch das Verspannungsfeld ausgehend von den Vorstrukturierungslöchern wachsen die Quantenpunkte vertikal über den Nukleationszentren, so dass mittels dieser Methode sogar dreidimensionale Quantenpunktkristalle gewachsen werden können [106]. Die Quantenpunkte wurden mit 2 nm GaAs überwachsen, auf erhöhte Temperatur gebracht, um ihr Emissionsspektrum zu kleineren Wellenlängen zu verschieben, und sie wurden wie bisher mit GaAs überwachsen. Der Schichtwellenleiterteil vor dem Vorstrukturierungsschritt wurde entsprechend dünner geplant, so dass sich die Quantenpunkte zentral im Schichtwellenleiter befinden. Somit haben diese Quantenpunkte einen größeren Abstand von der geätzten Oberfläche in Aufwachsrichtung, befinden sich allerdings trotzdem radial an der gewünschten Position. Man erwartet daher eine Verbesserung der gemessenen Linienbreite bei gleicher Positioniergenauigkeit. In der Tat zeigen µPl-Messungen eine deutliche Verbesserung, so dass die Linienbreite derartiger Quantenpunkte um $0{,}65 \pm 0{,}15$ meV streuen, während Quantenpunkte, die direkt auf nasschemisch geätzten Löcher gewachsen wurden, im Mittel eine Linienbreite von $1{,}46$ meV haben. Dieses Ergebnis legt nahe, dass die Quantenpunktqualität durch eine weitere Optimierung der geätzten Oberfläche verbessert werden kann. Alternativ oder zusätzlich kann der Abstand zwischen aktivem Quantenpunkt und Oberfläche durch mehrere vertikal geschichtete Quantenpunkte weiter vergrößert werden.

Im Gegensatz zur ursprünglichen Erwartung ist die Resonanz in den µPl-Spektren trotz der geringen Anzahl an Quantenpunkten im Resonator gut zu erkennen. Dazu dient einmal ihre Polarisation, die wie erwartet senkrecht zum Resonator gerichtet ist [83, 84]. Zum anderen tritt die Resonanz

6.5 Kontrollierte räumliche Kopplung

für hohe Anregungsleistungen deutlich hervor und ist der einzige Übergang, der auch für hohe Anregungsleistungen keine Verbreiterung erfährt. Dies ist beispielsweise in Abb. 6.19 gut zu erkennen. Für eine niedrige Anregungsleistung von 3 µW werden in diesem Resonator mit 1,5 µm Quantenpunktgitter 3 Übergänge beobachtet und die Resonanz ist sogar weniger lichtstark als einer der exzitonischen Übergänge. Bei höheren Leistungen verwischen die einzelnen Exzitonlinien durch größere Fluktuationen der Ladungsträgerdichte in der Umgebung des Quantenpunkts [42] und nur die Resonanz behält ihre schmale Linienbreite. Zudem erscheint bei hohen Leistungen ein breiter Hintergrund, der von anderen Quantenpunkten herrührt, in die jetzt auch Ladungsträger relaxieren, und aus angeregten Zuständen der Exzitonen.

Die Kopplung von positionierten Quantenpunkten mit der Resonatormode kann anhand des Purcell-Effektes gezeigt werden [107, 108]. Da der Purcell-Effekt die effektive Lebensdauer eines Exzitons verkürzt, wirkt er sich auch in der Abhängigkeit der maximalen emittierten Intensität von der eingestrahlten Leistung aus. Für geringe eingestrahlte Leistungen werden zu wenige Ladungsträger bereitgestellt, um das Quantenpunktexziton zu sättigen. Ab einer bestimmten Leistung ist die Rate an erzeugten Ladungsträgern höher als die strahlende Rekombinationrate und die Emissionsintensität des Quantenpunktexzitons beginnt zu sättigen. Für höhere Leistungen können keine höheren Intensitäten erreicht werden, vielmehr klingt die Intensität beispielsweise durch thermische Effek-

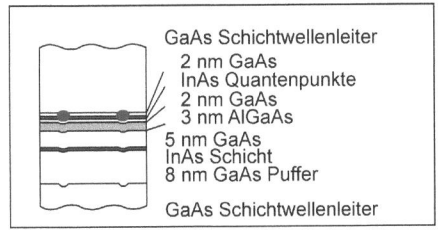

Abbildung 6.18: *Schemadarstellung zum verspannungsgeführten Quantenpunktwachstum.*

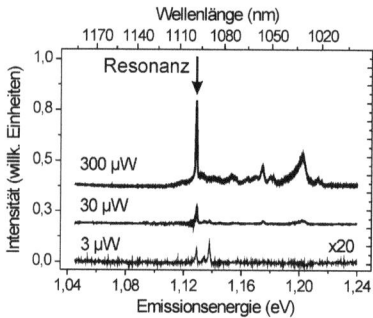

Abbildung 6.19: *Pl-Spektrum eines PhK-Resonators mit Quantenpunkten bei verschiedenen Leistungen. Für höhere Leistungen tritt die Resonatormode deutlich hervor.*

te oder stärkere Fluktuationen der Ladungsträgerdichte, die insbesondere von von der Umgebung des Quantenpunkts abhängen, ab. Befindet sich der Quantenpunkt allerdings in Resonanz mit einer Resonatormode, dann ist die strahlende Lebensdauer der Exzitonen durch den Purcell-Effekt verkürzt und die Sättigungsschwelle wird erst später überschritten. So wurde in [107] für statistische Quantenpunkte in einem für PhKe relativ großen Resonator, der aus 9 ausgefüllten Löchern bestand, verschiedene Leistungen gemessen, bei denen die Emissionsintensität sättigte, je nachdem ob die Quantenpunkte spektral resonant waren oder nicht. Der große Resonator hat dabei den Vorteil, dass hauptsächlich Übergänge von Quantenpunkten innerhalb der Kavität beobachtet werden, reduziert allerdings den erwarteten Purcell-Effekt.

Abb. 6.20 zeigt den Effekt für zwei Quantenpunkte, bei denen einer durch Anwendung des beschriebenen Positionier- und Adressierverfahrens im Zentrum der Kavität liegt, der andere jedoch außerhalb. Der nichtresonante Quantenpunkt sättigt früher und bei niedrigeren Intensitäten. Der resonante Quantenpunkt sättigt wie erwartet später; hier bei siebenfach höheren Intensitäten. Es handelt sich hierbei allerdings notwendigerweise um zwei verschiedene Quantenpunkte, so dass der Einfluss der physikalischen Umgebung, wie beispielsweise durch Lochränder, nicht zwingend vernachlässigbar ist.

6.5 Kontrollierte räumliche Kopplung

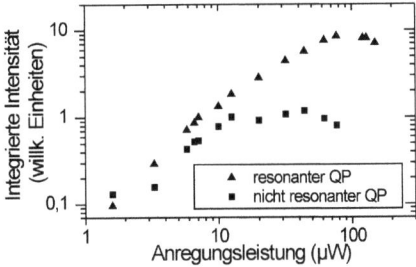

Abbildung 6.20: *Intensität in Abhängigkeit von der eingestrahlten Leistung für je einen Quantenpunkt inner- und außerhalb der spektralen Resonanz.*

Nach Gleichung 2.31 nähert sich der experimentelle Purcellfaktor für geringere spektrale Verstimmungen dem maximalen Purcellfaktor an. Die spektrale Position des Quantenpunkts kann durch Veränderung der Temperatur eingestellt werden. Die Messung für verschiedene spektrale Verstimmungen ist in Abb. 6.21 zu sehen. Man erkennt deutlich die Intensitätsüberhöhung im Resonanzfall, die durch eine erhöhte spontane Emission und eine Umordnung der Abstrahlungscharakteristik entsteht [109, 110] und folglich entspricht der gemessene Überhöhungsfaktor nicht direkt dem Purcellfaktor. Der theoretische Purcellfaktor für diesen Resonator liegt nach Gleichung 6.21 über 200 bei einer Güte von knapp 2000. In der Herleitung von Gleichung 2.30 wird davon ausgegangen, dass die Linienbreite des Emitters erheblich schmäler als die des Resonators ist. Tatsächlich hat der Quantenpunkt in Abb. 6.21 eine Linienbreite von 1,47 meV. Wenn man dies berücksichtigt, reduziert sich der maximale Purcellfaktor auf unter 60 [42]. Ein möglicher Positionierungsfehler von 50 nm verkleinert den Purcellfaktor desweiteren auf 40. Zusätzlich kann sich noch die Orientierung des Dipolmoments des Quantenpunkts auswirken. Wie schon erwähnt, kann der Purcellfaktor nur als Abschätzung der Intensitätsüberhöhung dienen, da die Mode räumlich anders abstrahlt als der Quantenpunkt und daher sollte der tatsächliche Wert des Purcellfaktors durch eine Lebensdauermessung des Exzitons festgestellt werden. Diese war jedoch aufgrund der langen Emissionswellenlänge der Quantenpunkte nicht möglich.

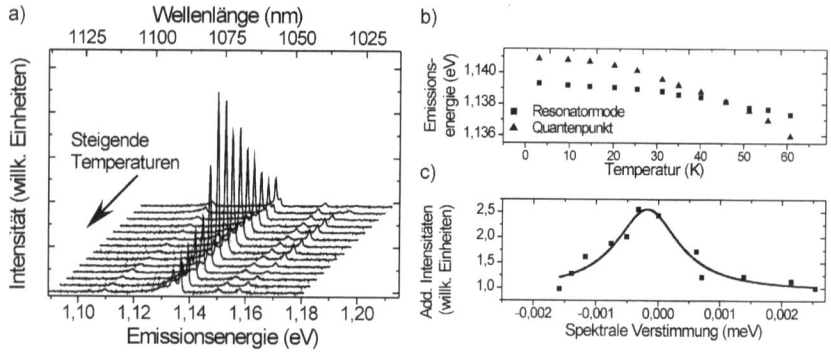

Abbildung 6.21: *Intensitätsprofil in Abhängigkeit von der spektralen Position von Exziton und Resonanz. b) Spektrale Position in Abhängigkeit von der Temperatur. c) Addierte Intensitäten in Abhängigkeit von der spektralen Verstimmung von Exziton zu Resonanz.*

Abb. 6.21 Teil b) zeigt die spektrale Position von Quantenpunkt und Resonator. Wie in Kapitel 3 diskutiert, schiebt die Resonatormode mit der Temperatur linear, allerdings verändert sie sich langsamer als der exzitonische Übergang, wodurch beide in Resonanz gebracht werden können. Teil c) zeigt die Überhöhung als Funktion der spektralen Verstimmung und die maximale Überhöhung liegt hier bei 2,5. Derartige Überhöhungen wurden mehrfach gemessen, allerdings ließ sich nicht in jedem Fall der exzitonische Übergang in Resonanz mit der Resonatormode und darüber hinaus abstimmen, was am geringen Abstimmbereich durch die Temperaturerhöhung liegt.

Es zeigt sich deutlich, dass der Resonator mit dem Exziton wechselwirkt. Aus der Zahl der Übergänge in den µPl-Messungen erkennt man, dass keine oder sehr wenige nicht positionierte Quantenpunkte auf der Probe sind, da die Anzahl der Quantenpunkte im untersuchten Bereich mit der erwarteten Anzahl übereinstimmt. Da die Positionierung an den Oberflächenquantenpunkten mit Fehlern unter 50 nm demonstriert werden konnte, kann man schließen, dass der wechselwirkende Quantenpunkt mit maximal diesem Fehler zum Zentrum der Kavität positioniert ist. Folglich ist

6.5 Kontrollierte räumliche Kopplung

die Positionierung von Quantenpunkten und deren anschließender Einbau in einen optischen Nanoresonator gelungen. Die optische Aktivität der Quantenpunkte und die Wechselwirkung mit dem Resonator wurden demonstriert. Die Güten der Resonatoren verbesserten sich wie erwartet durch die verringerte Absorption der Quantenpunkte, da die Quantenpunktdichte rapide abnahm. Das vorgestellte Positionier- und Adressierverfahren wird weiterführende quantenelektrodynamische Experimente mit einzelnen Halbleiterquantenpunkten gezielt ermöglichen.

Literaturverzeichnis

[1] H. Zarschizky and A. Richter. Mit Terabit pro Sekunde durch photonische Netze. *Physik Journal*, 2(4):33–40, 2003.

[2] L. Eldada. Optical communication components. *Review of Scientific Instruments*, 75:575, 2004.

[3] D. Erni and F. Robin. Der planare photonische Kristall als Medium der engen Lichtführung in photonischen Chips. *Bulletin SEV/VSE*, (04):9–16, 2004.

[4] H. Altug, D. Englund, and J. Vučković. Ultrafast photonic crystal nanocavity laser. *Nature Physics*, 2:484, 2006.

[5] B.S. Song, S. Noda, and T. Asano. Photonic Devices Based on In-Plane Hetero Photonic Crystals. *Science*, 300(5625):1537–1537, 2003.

[6] E. Waks, K. Inoue, C. Santori, D. Fattal, J. Vučković, G.S. Solomon, and Y. Yamamoto. Quantum cryptography with a photon turnstile. *Physical Review Letters*, 86:1502–1505, 2001.

[7] S. John. Strong localization of photons in certain disordered dielectric superlattices. *Physical Review Letters*, 58(23):2486–2489, 1987.

[8] E. Yablonovitch. Inhibited Spontaneous Emission in Solid-State Physics and Electronics. *Physical Review Letters*, 58(20):2059–2062, 1987.

[9] J. Joannopoulos. *Photonic Crystals*. Princeton University Press, Princeton, 1995.

[10] Ralf Wehrspohn. *Nanophotonic Materials*. Wiley-VCH, Weinheim, 2008.

[11] A. Yariv. *Photonics: Optical Electronics in Modern Communication*. Oxford University Press, Oxford Oxfordshire, 2006.

[12] G.A. Reider. *Photonik: Eine Einführung in die Grundlagen*. Springer, 2004.

[13] S. Johnson and J. Joannopoulos. Block-iterative frequency-domain methods for Maxwell's equations in a planewave basis. *Optics Express*, 8(3):173–190, 2001.

[14] P. Albrecht, M. Hamacher, H. Heidrich, D. Hoffmann, H. Nolting, and C.M. Weinert. TE/TM mode splitters on InGaAsP/InP. *Photonics Technology Letters, IEEE*, 2(2):114–115, 1990.

[15] B.S. Song, T. Asano, Y. Akahane, Y. Tanaka, and S. Noda. Transmission and reflection characteristics of in-plane hetero-photonic crystals. *Applied Physics Letters*, 85:4591, 2004.

[16] J.D. Joannopoulos, P.R. Villeneuve, and S. Fan. Photonic crystals: putting a new twist on light. *Nature*, 386(6621):143–149, 1997.

[17] Y. Akahane, T. Asano, B.S. Song, and S. Noda. Fine-tuned high-Q photonic-crystal nanocavity. *Optics Express*, 13(4):1202–1214, 2005.

[18] X. Yang, C. Husko, C.W. Wong, M. Yu, and D.L. Kwong. Observation of femtojoule optical bistability involving Fano resonances in high-Q/V silicon photonic crystal nanocavities. *Applied Physics Letters*, 91:051113, 2007.

[19] T. Uesugi, B.S. Song, T. Asano, and S. Noda. Investigation of optical nonlinearities in an ultra-high-Q Si nanocavity in a two-dimensional photonic crystal slab. *Optics Express*, 14(1):377–386, 2006.

[20] T. Tanabe, M. Notomi, S. Mitsugi, A. Shinya, and E. Kuramochi. All-optical switches on a silicon chip realized using photonic crystal nanocavities. *Applied Physics Letters*, 87:151112, 2005.

[21] T. Yoshie, A. Scherer, J. Hendrickson, G. Khitrova, H.M. Gibbs, G. Rupper, C. Ell, O.B. Shchekin, and D.G. Deppe. Vacuum Rabi splitting with a single quantum dot in a photonic crystal nanocavity. *Nature*, 432(7014):200–203, 2004.

[22] J.P. Reithmaier, G. Sek, A. Löffler, C. Hofmann, S. Kuhn, S. Reitzenstein, L.V. Keldysh, V.D. Kulakovskii, T.L. Reinecke, and A. Forchel. Strong coupling in a single quantum dot-semiconductor microcavity system. *Nature*, 432(7014):197–200, 2004.

[23] H.G. Park, S.H. Kim, S.H. Kwon, Y.G. Ju, J.K. Yang, J.H. Baek, S.B. Kim, and Y.H. Lee. Electrically Driven Single-Cell Photonic Crystal Laser. *Science*, 305(5689):1444–1447, 2004.

[24] S. Chakravarty, P. Bhattacharya, S. Chakrabarti, and Z. Mi. Multiwavelength ultralow-threshold lasing in quantum dot photonic crystal microcavities. *Optics Letters*, 32(10):1296–1298, 2007.

[25] K. Nozaki, S. Kita, and T. Baba. Room temperature continuous wave operation and controlled spontaneous emission in ultrasmall photonic crystal nanolaser. *Optics Express*, 15(12):7506–7514, 2007.

[26] Y.S. Choi, M.T. Rakher, K. Hennessy, S. Strauf, A. Badolato, P.M. Petroff, D. Bouwmeester, and E.L. Hu. Evolution of the onset of coherence in a family of photonic crystal nanolasers. *Applied Physics Letters*, 91:031108, 2007.

[27] Y. Akahane, T. Asano, B.S. Song, and S. Noda. High-Q photonic nanocavity in a two-dimensional photonic crystal. *Nature*, 425(6961):944–7, 2003.

[28] T. Asano, B.S. Song, Y. Akahane, and S. Noda. Ultrahigh-Q nanocavities in two-dimensional photonic crystal slabs. *IEEE Journal of Selected Topics in Quantum Electronics*, 12:1123–1134, 2006.

[29] T. Yoshie, J. Vučković, A. Scherer, H. Chen, and D. Deppe. High quality two-dimensional photonic crystal slab cavities. *Applied Physics Letters*, 79:4289, 2001.

[30] H.Y. Ryu, S.H. Kim, H.G. Park, J.K. Hwang, Y.H. Lee, and J.S. Kim. Square-lattice photonic band-gap single-cell laser operating in the lowest-order whispering gallery mode. *Applied Physics Letters*, 80:3883, 2002.

[31] B.S. Song, S. Noda, T. Asano, and Y. Akahane. Ultra-high-Q photonic double-heterostructure nanocavity. *Nature Materials*, 4(3):207–210, 2005.

[32] E. Kuramochi, M. Notomi, S. Mitsugi, A. Shinya, T. Tanabe, and T. Watanabe. Ultrahigh-Q photonic crystal nanocavities realized by the local width modulation of a line defect. *Applied Physics Letters*, 88:041112, 2006.

[33] T. Tanabe, M. Notomi, and E. Kuramochi. Measurement of ultra-high-Q photonic crystal nanocavity using single-sideband frequency modulator. *Electronics Letters*, 43(3):187–188, 2007.

[34] T. Tanabe, M. Notomi, E. Kuramochi, A. Shinya, and H. Taniyama. Trapping and delaying photons for one nanosecond in an ultrasmall high-Q photonic-crystal nanocavity. *Nature*, 1(1):49–52, 2007.

[35] C.L.C. Smith, D.K.C. Wu, M.W. Lee, C. Monat, S. Tomljenovic-Hanic, C. Grillet, B.J. Eggleton, D. Freeman, Y. Ruan, S. Madden, B. Luther-Davies, and H. Giessen. Microfluidic photonic crystal double heterostructures. *Applied Physics Letters*, 91:121103, 2007.

[36] Allen Taflove. *Computational Electrodynamics*. Artech House, Boston, 2000.

[37] M. Bayer, T. Gutbrod, J.P. Reithmaier, A. Forchel, T.L. Reinecke, P.A. Knipp, A.A. Dremin, and V.D. Kulakovskii. Optical Modes in Photonic Molecules. *Physical Review Letters*, 81(12):2582–2585, 1998.

[38] W.C. Stumpf, M. Fujita, M. Yamaguchi, T. Asano, and S. Noda. Light-emission properties of quantum dots embedded in a photonic double-heterostructure nanocavity. *Applied Physics Letters*, 90:231101, 2007.

[39] S. Strauf, K. Hennessy, M.T. Rakher, Y.S. Choi, A. Badolato, L.C. Andreani, E.L. Hu, P.M. Petroff, and D. Bouwmeester. Self-Tuned Quantum Dot Gain in Photonic Crystal Lasers. *Physical Review Letters*, 96(12):127404, 2006.

[40] E.M. Purcell. Spontaneous emission probabilities at radio frequencies. *Physical Review*, 69(681):166, 1946.

[41] R.K. Chang and A.J. Campillo. *Optical processes in microcavities*. New Jersey: World Scientific, 1996.

[42] J.M. Gerard. *Solid-State Cavity-Quantum Electrodynamics with Self-Assembled Quantum Dots*. Springer.

[43] D. Englund, D. Fattal, E. Waks, G. Solomon, B. Zhang, T. Nakaoka, Y. Arakawa, Y. Yamamoto, and J. Vučković. Controlling the Spontaneous Emission Rate of Single Quantum Dots in a Two-Dimensional Photonic Crystal. *Physical Review Letters*, 95(1):13904, 2005.

[44] E. Weidner, S. Combrié, A. De Rossi, J. Nagle, S. Cassette, A. Talneau, and H. Benisty. Achievement of ultrahigh quality factors in GaAs photonic crystal membrane nanocavity. *Applied Physics Letters*, 89:221104, 2006.

[45] C.P. Michael, K. Srinivasan, T.J. Johnson, O. Painter, K.H. Lee, K. Hennessy, H. Kim, and E. Hu. Wavelength- and material-dependent absorption in GaAs and AlGaAs microcavities. *Applied Physics Letters*, 90:051108, 2007.

[46] T. Asano, B.S. Song, and S. Noda. Analysis of the experimental Q factors (~1 million) of photonic crystal nanocavities. *Optics Express*, 14(5):1996–2002, 2006.

[47] S. Mosor, J. Hendrickson, B.C. Richards, J. Sweet, G. Khitrova, H.M. Gibbs, T. Yoshie, A. Scherer, O.B. Shchekin, and D.G. Deppe. Scanning a photonic crystal slab nanocavity by condensation of xenon. *Applied Physics Letters*, 87:141105, 2005.

[48] S. Strauf, M.T. Rakher, I. Carmeli, K. Hennessy, C. Meier, A. Badolato, M.J.A. DeDood, P.M. Petroff, E.L. Hu, E.G. Gwinn, and D. Bouwmeester. Frequency control of photonic crystal membrane resonators by monolayer deposition. *Applied Physics Letters*, 88:043116, 2006.

[49] K. Hennessy, C. Högerle, E. Hu, A. Badolato, and A. Imamoğlu. Tuning photonic nanocavities by atomic force microscope nano-oxidation. *Applied Physics Letters*, 89:041118, 2006.

[50] A. Faraon, D. Englund, I. Fushman, J. Vučković, N. Stoltz, and P. Petroff. Local quantum dot tuning on photonic crystal chips. *Applied Physics Letters*, 90:213110, 2007.

[51] G.C. DeSalvo, C.A. Bozada, J.L. Ebel, D.C. Look, J.P. Barrette, C.L.A. Cerny, R.W. Dettmer, J.K. Gillespie, C.K. Havasy, T.J. Jenkins, K. Nakano, C.I. Pettiford, T.K. Quach, J.S. Sewell, and G.D. Via. Wet Chemical Digital Etching of GaAs at Room Temperature. *Journal of The Electrochemical Society*, 143(11):3652–3656, 1996.

[52] K. Hennessy, A. Badolato, A. Tamboli, P.M. Petroff, E. Hu, M. Atatüre, J. Dreiser, and A. Imamoğlu. Tuning photonic crystal nanocavity modes by wet chemical digital etching. *Applied Physics Letters*, 87:021108, 2005.

[53] D.T.F. Marple. Refractive Index of GaAs. *Journal of Applied Physics*, 35:1241, 2004.

[54] K. Inoue, N. Kawai, Y. Sugimoto, N. Carlsson, N. Ikeda, and K. Asakawa. Observation of small group velocity in two-

dimensional AlGaAs-based photonic crystal slabs. *Physical Review B*, 65(12):121308, 2002.

[55] H. Kosaka, T. Kawashima, A. Tomita, M. Notomi, T. Tamamura, T. Sato, and S. Kawakami. Superprism phenomena in photonic crystals: toward microscalelightwave circuits. *Lightwave Technology, Journal of*, 17(11):2032–2038, 1999.

[56] T. Asano, W. Kunishi, B.S. Song, and S. Noda. Time-domain response of point-defect cavities in two-dimensional photonic crystal slabs using picosecond light pulse. *Applied Physics Letters*, 88:151102, 2006.

[57] M. Beck, I.A. Walmsley, and J.D. Kafka. Group delay measurements of optical components near 800 nm. *IEEE Journal of Selected Topics in Quantum Electronics*, 27(8):2074–2081, 1991.

[58] M. Notomi, K. Yamada, A. Shinya, J. Takahashi, C. Takahashi, and I. Yokohama. Extremely Large Group-Velocity Dispersion of Line-Defect Waveguides in Photonic Crystal Slabs. *Physical Review Letters*, 87(25):253902, 2001.

[59] B. Costa, D. Mazzoni, M. Puleo, and E. Vezzoni. Phase Shift Technique for the Measurement of Chromatic Dispersion in Optical Fibers Using LED's. *IEEE Transactions on Microwave Theory and Techniques*, 82(10):1497–1503, 1982.

[60] R. Jacobsen, A. Lavrinenko, L. Frandsen, C. Peucheret, B. Zsigri, G. Moulin, J. Fage-Pedersen, and P. Borel. Direct experimental and numerical determination of extremely high group indices in photonic crystal waveguides. *Optics Express*, 13(20):7861–7871, 2005.

[61] J. Zimmermann, B.K. Saravanan, R. Marz, M. Kamp, A. Forchel, and S. Anand. Large dispersion in photonic crystal waveguide resonator. *Electronics Letters*, 41(7):414–415, 2005.

[62] C. Madsen. *Optical Filter Design and Analysis*. John Wiley, New York, 1999.

[63] A.F. Abas. *Chromatic Dispersion Compensation in 40 Gbaud Optical Fiber WDM Phase-Shift-Keyed Communication Systems*. PhD thesis, Universität Paderborn, 2006.

[64] C. Sauvan, P. Lalanne, and J.P. Hugonin. Slow-wave effect and mode-profile matching in photonic crystal microcavities. *Physical Review B*, 71(16):165118, 2005.

[65] G. Lenz, B.J. Eggleton, C.R. Giles, C.K. Madsen, and R.E. Slusher. Dispersive properties of optical filters for WDM systems. *IEEE Journal of Selected Topics in Quantum Electronics*, 34(8):1390–1402, 1998.

[66] B. Saleh. *Fundamentals of Photonics*. Wiley, New York, 1991.

[67] E. Chow, A. Grot, L.W. Mirkarimi, M. Sigalas, and G. Girolami. Ultracompact biochemical sensor built with two-dimensional photonic crystal microcavity. *Optics Letters*, 29(10):1093–1095, 2004.

[68] M. Adams, G.A. DeRose, M. Loncar, and A. Scherer. Lithographically fabricated optical cavities for refractive index sensing. *Journal of Vacuum Science & Technology B: Microelectronics and Nanometer Structures*, 23:3168, 2005.

[69] D. Psaltis, S.R. Quake, and C. Yang. Developing optofluidic technology through the fusion of microfluidics and optics. *Nature*, 442(7101):381–386, 2006.

[70] C. Monat, P. Domachuk, and B.J. Eggleton. Integrated optofluidics: A new river of light. *Nature Photonics*, 1:106–114, 2007.

[71] G. Liggett and J.S. Levinger. Calculation of the Index of Refraction of Neon and Argon. *Journal of the Optical Society of America*, 58:109–113.

[72] D. Vučković and G. Woolsey. Refractivities of SF_6 and SOF_2 at wavelengths of 632.99 and 1300 nm. *Journal of Physics D. Applied Physics*, 29(3):634–637, 1996.

[73] C.R. Mansfield and E.R. Peck. Dispersion of helium. *J. Opt. Soc. Am*, 59:199–204, 1969.

[74] D.P. Shelton and V. Mizrahi. Refractive-index dispersion of gases measured by optical harmonic phase matching. *Physical Review A*, 33(1):72–76, 1986.

[75] M. Born. *Optik*. Springer, Berlin, 2006.

[76] R.F. Cregan, B.J. Mangan, J.C. Knight, T.A. Birks, P.S.J. Russell, P.J. Roberts, and D.C. Allan. Single-Mode Photonic Band Gap Guidance of Light in Air. *Science*, 285(5433):1537, 1999.

[77] T.F. Krauss. Slow light in photonic crystal waveguides. *Journal of Physics D: Applied Physics*, 40(9):2666–2670, 2007.

[78] T. Yamamoto, M. Notomi, H. Taniyama, E. Kuramochi, Y. Yoshikawa, Y. Torii, and T. Kuga. Design of a high-Q air-slot cavity based on a width-modulated line-defect in a photonic crystal slab. *Optics Express*, 16(18):13809–13817, 2008.

[79] M. Fujita, S. Takahashi, T. Asano, Y. Tanaka, K. Kounoike, M. Yamaguchi, J. Nakanishi, W. Stumpf, and S. Noda. Controlled spontaneous-emission phenomena in semiconductor slabs with a two-dimensional photonic bandgap. *Journal of Optics A: Pure and Applied Optics*, 8(4), 2006.

[80] L. Goldstein, F. Glas, J.Y. Marzin, M.N. Charasse, and G. Le Roux. Growth by molecular beam epitaxy and characterization of InAs/GaAs strained-layer superlattices. *Applied Physics Letters*, 47:1099, 1985.

[81] L. Chu, M. Arzberger, G. Böhm, and G. Abstreiter. Influence of growth conditions on the photoluminescence of self-assembled InAs/GaAs quantum dots. *Journal of Applied Physics*, 85:2355, 1999.

[82] J.M. Moison, F. Houzay, F. Barthe, L. Leprince, E. André, and O. Vatel. Self-organized growth of regular nanometer-scale InAs dots on GaAs. *Applied Physics Letters*, 64:196, 1994.

[83] S.H. Kim, G.H. Kim, S.K. Kim, H.G. Park, Y.H. Lee, and S.B. Kim. Characteristics of a stick waveguide resonator in a two-dimensional photonic crystal slab. *Journal of Applied Physics*, 95:411, 2003.

[84] R. Oulton, B.D. Jones, S. Lam, A.R.A. Chalcraft, D. Szymanski, D. O'Brien, T.F. Krauss, D. Sanvitto, A.M. Fox, D.M. Whittaker, M. Hopkinson, and M.S. Skolnick. Polarized quantum dot emission from photonic crystal nanocavities studied under moderesonant enhanced excitation. *Optics Express*, 15(25):17221–17230, 2007.

[85] J. Hendrickson, B.C. Richards, J. Sweet, S. Mosor, C. Christenson, D. Lam, G. Khitrova, H.M. Gibbs, T. Yoshie, A. Scherer, O. B. Shchekin, and D. G. Deppe. Quantum dot photonic-crystal-slab nanocavities: Quality factors and lasing. *Physical Review B*, 72(19):193303, 2005.

[86] J. Bauer, D. Schuh, E. Uccelli, R. Schulz, A. Kress, F. Hofbauer, J.J. Finley, and G. Abstreiter. Long-range ordered self-assembled InAs quantum dots epitaxially grown on (110) GaAs. *Applied Physics Letters*, 85:4750, 2004.

[87] D. Schuh, J. Bauer, E. Uccelli, R. Schulz, A. Kress, F. Hofbauer, J.J. Finley, and G. Abstreiter. Controlled positioning of self-assembled InAs quantum dots on (110) GaAs. *Physica E: Low-dimensional Systems and Nanostructures*, 26(1-4):72–76, 2005.

[88] S. Ohkouchi, Y. Nakamura, H. Nakamura, and K. Asakawa. Nano-probe-assisted technology of indium-nano-dot formation for site-controlled InAs/GaAs quantum dots. *Physica E: Low-dimensional Systems and Nanostructures*, 21(2-4):597–600, 2004.

[89] S. Ohkouchi, Y. Nakamura, H. Nakamura, and K. Asakawa. Indium nano-dot arrays formed by field-induced deposition with a Nano-Jet Probe for site-controlled InAs/GaAs quantum dots. *Thin Solid Films*, 464:233–236, 2004.

[90] M.H. Baier, S. Watanabe, E. Pelucchi, and E. Kapon. High uniformity of site-controlled pyramidal quantum dots grown on prepatterned substrates. *Applied Physics Letters*, 84:1943, 2004.

[91] M.H. Baier, E. Pelucchi, E. Kapon, S. Varoutsis, M. Gallart, I. Robert-Philip, and I. Abram. Single photon emission from site-controlled pyramidal quantum dots. *Applied Physics Letters*, 84:648, 2004.

[92] J.S. Kim, M. Kawabe, and N. Koguchi. Fabrication of highly aligned nano-hole/trench structures by atomic force microscopy tip-induced oxidation and atomic hydrogen cleaning. *Journal of Crystal Growth*, 262(1-4):265–270, 2004.

[93] O.G. Schmidt. *Lateral Alignment of Epitaxial Quantum Dots (Nanoscience and Technology)*. Springer-Verlag GmbH, 2007.

[94] A. Badolato, K. Hennessy, M. Atatüre, J. Dreiser, E. Hu, P.M. Petroff, and A. Imamoğlu. Deterministic Coupling of Single Quantum Dots to Single Nanocavity Modes. *Science*, 308(5725):1158–1161, 2005.

[95] K. Hennessy, A. Badolato, M. Winger, D. Gerace, M. Atatüre, S. Gulde, S. Falt, E.L. Hu, and A. Imamoğlu. Quantum nature of a strongly coupled single quantum dot-cavity system. *Nature*, 445(7130):896–9, 2007.

[96] G. Subramania and S.Y. Lin. Fabrication of three-dimensional photonic crystal with alignment based on electron beam lithography. *Applied Physics Letters*, 85:5037, 2004.

[97] N. Liu, H. Guo, L. Fu, S. Kaiser, H. Schweizer, and H. Giessen. Three-dimensional photonic metamaterials at optical frequencies. *Nature Materials*, 7(1):31–7, 2008.

[98] Z.H. Wu, X.Y. Mei, D. Kim, M. Blumin, and H.E. Ruda. Growth of Au-catalyzed ordered GaAs nanowire arrays by molecular-beam epitaxy. *Applied Physics Letters*, 81:5177, 2002.

[99] Z. Lu, M.T. Schmidt, D. Chen, R.M. Osgood Jr, W.M. Holber, D.V. Podlesnik, and J. Forster. GaAs-oxide removal using an electron cyclotron resonance hydrogen plasma. *Applied Physics Letters*, 58:1143, 1991.

[100] P. Atkinson, M.B. Ward, S.P. Bremner, D. Anderson, T. Farrow, G.A.C. Jones, A.J. Shields, and D.A. Ritchie. Site-Control of InAs Quantum Dots using Ex-Situ Electron-Beam Lithographic Patterning of GaAs Substrates. *Japanese Journal of Applied Physics*, 45(4A):2519–2521, 2006.

[101] Y. Nakamura, O.G. Schmidt, N.Y. Jin-Phillipp, S. Kiravittaya, C. Muller, K. Eberl, H. Grabeldinger, and H. Schweizer. Vertical alignment of laterally ordered InAs and InGaAs quantum dot arrays on patterned (001) GaAs substrates. *Journal of Crystal Growth*, 242(3):339–344, 2002.

[102] S. Reitzenstein, C. Hofmann, A. Gorbunov, M. Strauß, S.H. Kwon, C. Schneider, A. Löffler, S. Höfling, M. Kamp, and A. Forchel. AlAs/GaAs micropillar cavities with quality factors exceeding 150.000. *Applied Physics Letters*, 90:251109, 2007.

[103] A. Löffler, J.P. Reithmaier, G. Sek, C. Hofmann, S. Reitzenstein, M. Kamp, and A. Forchel. Semiconductor quantum dot microcavity pillars with high-quality factors and enlarged dot dimensions. *Applied Physics Letters*, 86:111105, 2005.

[104] S. Kiravittaya, H. Heidemeyer, and O.G. Schmidt. Growth of three-dimensional quantum dot crystals on patterned GaAs (001) substrates. *Physica E: Low-dimensional Systems and Nanostructures*, 23(3-4):253–259, 2004.

[105] H. Heidemeyer, U. Denker, C. Müller, and O.G. Schmidt. Morphology Response to Strain Field Interferences in Stacks of Highly Ordered Quantum Dot Arrays. *Physical Review Letters*, 91(19):196103, 2003.

Literaturverzeichnis

[106] S. Kiravittaya, H. Heidemeyer, and O.G. Schmidt. Lateral quantum-dot replication in three-dimensional quantum-dot crystals. *Applied Physics Letters*, 86:263113, 2005.

[107] T.D. Happ, I.I. Tartakovskii, V.D. Kulakovskii, J.P. Reithmaier, M. Kamp, and A. Forchel. Enhanced light emission of $In_x Ga_{1-x}As$ quantum dots in a two-dimensional photonic-crystal defect microcavity. *Physical Review B*, 66(4):41303, 2002.

[108] Enhanced spontaneous emission rate from single InAs quantum dots in a photonic crystal nanocavity at telecom wavelengths.

[109] M. Kaniber, A. Kress, A. Laucht, M. Bichler, R. Meyer, M.C. Amann, and J.J. Finley. Efficient spatial redistribution of quantum dot spontaneous emission from two-dimensional photonic crystals. *Applied Physics Letters*, 91:061106, 2007.

[110] M. Fujita, S. Takahashi, Y. Tanaka, T. Asano, and S. Noda. Simultaneous Inhibition and Redistribution of Spontaneous Light Emission in Photonic Crystals. *Science*, 308(5726):1296–1298, 2005.

Zusammenfassung

Im Zuge dieser Dissertation wurden verschiedene Eigenschaften von Photonischen Kristallresonatoren hoher Güte untersucht. Bei den Resonatoren handelte es sich vor allem um Hetero-Resonatoren, die beispielsweise durch mehrfache Variation der Gitterkonstanten entlang eines Wellenleiters gebildet werden können. Die Zahl der veröffentlichten Arten von Hetero-Resonatoren wurde durch Einführung eines neuen Resonators, der auf einer Variation der Radien der nächsten Löcher entlang des Wellenleiters basiert, erweitert.

Die Resonatoren wurden aus GaAs mit Elektronenstrahlbelichtung und Halbleiterätzverfahren hergestellt. Die erreichte Herstellungsqualität misst sich an den erreichten Güten, die auf dem verwendeten Materialsystem GaAs zu den höchsten weltweit gehören und über 200000 liegen. Um dies zu erreichen, wurde eine weitreichende Optimierung der Herstellungsparameter vorgenommen und dabei insbesondere der trockenchemische Ätzschritt im Hinblick auf die Flankenqualität der geätzten Löcher optimiert. An diesen Resonatoren wurden verschiedenartige Experimente durchgeführt.

So wurden Transmissionsexperimente zur Grundcharakterisierung an Proben ohne interne Lichtquellen vorgenommen, beispielsweise um die Güte zu bestimmen, und darauf aufbauend Dispersionsmessungen. Ein Aufbau zur Messung der Dispersion an Photonischen Kristallresonatoren wurde im Zuge dieser Arbeit geplant und in Betrieb genommen. Die dispersiven Eigenschaften wurden dabei experimentell über die Phasenschiebermethode bestimmt. Es wurden Gruppenlaufzeiten auf Resonanz für verschiedene Güten gemessen, die gut mit den theoretisch erwarteten Werten aus einem Fabry-Perot-Model übereinstimmten. Die höchste gemessene Laufzeitverzögerung betrug 132 ps und resultierte in einer Herabsetzung der Lichtgeschwindigkeit im Resonator um den Faktor 3800. Desweiteren wurde die Änderung der Resonanzwellenlänge bei unterschiedlichen Umgebunsbedingungen untersucht. Dabei reicht schon die geringe Brechungsindexänderung durch unterschiedliche Umgebungsgase oder -drücke, um eine messbare Änderung der Resonanzwellenlänge zu bewirken. Hierfür wurde der Transmissionsaufbau erweitert, so dass Proben im Vakuum und in verschiedenen Gasumgebungen experimentell untersucht werden konnten. Es wurde gezeigt, dass die Änderung der Resonanzwellenlänge durch eine Änderung des Brechungsindexes des Umgebungsgases messbar ist. Dabei stimmen die experimentell bestimmten mit den erwarteten Werten aus einem FDTD-Simulation gut überein. Um den Effekt zu verstärken, wurden mehrere Optimierungsmethoden angewandt. Dafür wurde der Überlapp zwischen Lichtmode und Gas sowohl epitaktisch als auch lithographisch durch eine Designänderung vergrößert. So sind die Resonatoren nach Optimierung, beispielsweise durch Einführung von Löchern im Halbleiter an den Stellen der höchsten Feldkonzentration, fast 2,5 fach sensitiver auf eine Brechungsindexänderung des Umgebungsgases. Derartige Resonatoren könnten zukünftig zur Untersuchung der Lichtmateriewechselwirkung zwischen PhK-Resonatoren und einzelnen Gasatomen dienen.

Weiterhin wurden Resonatoren mit internen Lichtquellen, in diesem Fall Quantenpunkten, untersucht. Dabei wurde ein Verfahren zur Positionierung von Quantenpunkten mit anschließender Adressierung erdacht und umgesetzt. Die erreichbare Adressierungsgenauigkeit wurde experimentell überprüft und auf 50 nm abgeschätzt. Relativ zu den Quantenpunkten wurden Photonische Kristallresonatoren geätzt, so dass sich in der Kavität genau ein Quantenpunkt befand. Die Wechselwirkung zwischen diesem Quantenpunkt und dem umgebenden Resonator wurde mehrfach demonstriert. Derartig positionierte Quantenpunkte erhöhen die Wahrscheinlichkeit der räumlichen Kopplung stark. Unter der Bedingung, dass spektral nur wenige Übergänge im Bereich der Resonanz liegen sollen, erhöht sich durch die räumliche Positionierung auch die spektrale Kopplungswahrscheinlichkeit, so dass Experimente zur Untersuchung quantenelektrody-

Zusammenfassung

namischer Effekte in Halbleitern deterministisch möglich werden.

Zusammenfassend wurden verschiedenartige Experimente durchgeführt, die ihre Anwendung in unterschiedlichen Gebieten wie Dispersionskontrolle, Gassensorik oder Einzelphotonenquellen finden könnten. Insbesondere der gezielte Einbau von Quantenpunkten in Bauteilen mit Mikrometerabmessungen wie hier in die Photonischen Kristallresonatoren wird interessante Experimente beispielsweise zur Quantenelektrodynamik ermöglichen.

Summary

Photonic Crystal resonators with high quality factors were fabricated and several of their properties were experimentally investigated. The type of resonator used in most experiments was a hetero-resonator design, which can be implemented by varying the lattice constant along the waveguide. A new type of such a hetero-resonator was fabricated and published, which consists of a variation of the radii of the holes closest to the waveguide.

The resonators were made by electron beam lithography and transferal of the pattern into GaAs by semiconductor etching processes. The quality factors exceed 200.000 and are among the highest quality factors for the GaAs material system. This high value is attributed to an optimization of the fabrication parameters and especially an optimization of the steepness of the Photonic Crystal holes in the etching process. The interesting properties of the high quality resonators were investigated by several different experiments:

Transmission experiments were used to characterize the quality factors of the samples. Based on this experimental setup, experiments to measure the chromatic dispersion were designed and performed. The measured dispersive properties of the Photonic Crystal resonators agree well with theoretical values from a Fabry-Perot-Model. The highest measured delay time is 132 ps, reducing the speed of light in the resonator to c/ 3800.

In another experiment, the response of the resonance wavelength to different pressures and gases in the environment was investigated. It was shown that the wavelength change can be measured and that it agrees well with predictions from an FDTD-model. An optimization of the overlap of the optical mode and the environment by epitaxial and lithographic means lead to an enhanced sensitivity. This optimization, part of it was the introduction of holes at the points of highest field, enhances the sensitivity by 2.5. Such resonators could prove useful in the investigation of the interaction of Photonic Crystal resonators with single gaseous atoms.

Resonators with quantum dots as an intern light sources were also investigated. A method to position quantum dots and to address them after growth was published. The quantum dots can be addressed with an uncertainty smaller than 50 nm, which was experimentally demonstrated. The method was used to fabricate Photonic Crystal resonators relative to the quantum dot location such that only one quantum dot was in the center of the Photonic Crystal cavity.

The interaction between such a quantum dot and the resonator was shown several times. Such quantum dot and resonator systems widely enhance the probability of spatial coupling and, under the condition of allowing only few excitonic transitions close to the resonance, even of spectral coupling. This enables experiments to investigate semiconductor QED effects in a deterministic manner.

In summary different experiments were performed which could have applications in diverse fields like dispersion control, gas sensing or single photon sources. Especially the ability to fabricate micrometer-sized optical devices with single quantum dots at deterministically determined locations will lead to interesting experiments for example in the field of semiconductor quantum electrodynamics.

MIX
Papier aus verantwortungsvollen Quellen
Paper from responsible sources
FSC® C105338

If you have any concerns about our products,
you can contact us on
ProductSafety@springernature.com

In case Publisher is established outside the EU,
the EU authorized representative is:
Springer Nature Customer Service Center GmbH
Europaplatz 3, 69115 Heidelberg, Germany

Printed by Libri Plureos GmbH
in Hamburg, Germany